U0818178

SHUIDIANZHAN DABA ANQUAN YUNXING XITI JINGXUAN

水电站大坝安全运行习题精选

华电电力科学研究院有限公司　组编

中国电力出版社
CHINA ELECTRIC POWER PRESS

内 容 提 要

本书从大坝安全运行与管理的角度出发，对相关理论知识、现场实际监测和大坝安全管理等方面进行总结归纳，以习题方式呈现，并对所选习题进行了精选。习题主要涉及水工建筑物基本理论、水库防汛及调度、大坝安全技术及管理规定等相关内容。

本书共分为六章，分别为大坝安全管理、防汛、水库调度、安全监测、水工建筑物、地质灾害。每章按照题型结构，分为判断题、单选题、多选题、填空题和简答题。试题范围较广泛，基本涵盖水电站大坝安全运行与管理的全部内容。

本书可作为水电站大坝安全运行和管理人员培训学习，以及相关人员考核选拔使用。

图书在版编目（CIP）数据

水电站大坝安全运行习题精选 / 华电电力科学研究院有限公司组编. —北京：中国电力出版社，2022.6

ISBN 978-7-5198-6751-5

Ⅰ. ①水… Ⅱ. ①华… Ⅲ. ①水力发电站–大坝–安全管理–习题集 Ⅳ. ①TV737-44②TV64-44

中国版本图书馆 CIP 数据核字（2022）第 077705 号

出版发行：中国电力出版社
地　　址：北京市东城区北京站西街 19 号（邮政编码 100005）
网　　址：http://www.cepp.sgcc.com.cn
责任编辑：刘汝青（22206041@qq.com）　董艳荣
责任校对：黄　蓓　于　维
装帧设计：赵姗姗
责任印制：吴　迪

印　　刷：三河市万龙印装有限公司
版　　次：2022 年 6 月第一版
印　　次：2022 年 6 月北京第一次印刷
开　　本：880 毫米×1230 毫米　32 开本
印　　张：4.5
字　　数：101 千字
印　　数：0001—1500 册
定　　价：28.00 元

《水电站大坝安全运行习题精选》

编 委 会

主　　编　潘利坦　王　磊

副 主 编　汪大全　王利杰　田维青

编写人员　郑程之　李宜燃　孟　鹏

吴　耀　张雯雯　高超丹

刘密富　冀道文　陈　斌

琚海荣　杨乾鸿　雷　红

郑　磊　华朝锋　张　翼

前言

水电站大坝安全涉及社会公共安全、人民生命财产安全，事关重大。近年来，政府通过颁布或新修订一系列法规制度和标准规范，不断加强大坝安全运行监管力度。继国务院安全生产委员会印发《全国安全生产专项整治三年行动计划》后，中国华电集团有限公司发布了《中国华电集团有限公司安全生产专项整治三年行动计划》(中国华电安〔2020〕91号)，其中水电站大坝安全专项整治三年行动实施方案明确要求要健全监管组织及人员，提升大坝安全从业人员专业素质能力，强化从业人员教育培训和考核。鉴于此，为进一步规范和加强水电站大坝安全运行管理，提升相关专业人员的整体素质，培养能够满足水电站大坝运行管理工作需求的人才队伍，确保水库大坝安全、可靠、稳定运行，特组织编写本书。

本书主要依据国家、行业相关法规制度和标准规范要求，结合水电站大坝安全运行管理的实际情况，分为大坝安全管理、防汛、水库调度、安全监测、水工建筑物和地质灾害六章。

本书内容丰富，题型分为判断题、单选题、多选题、填空题和简答题，形式灵活多样，适用于水电站大坝安全运行和管理人员培训学习，以及相关人员考核选拔使用。

由于编者学识和水平有限，书中不妥之处在所难免，恳请读者提出宝贵意见并批评指正。

编　者

2022 年 2 月

目 录

第一章

大 坝 安 全 管 理

一、判断题

1. 当水电枢纽工程安全与发电等兴利要求有矛盾时，应首先服从发电调度。（×）

2. 任何单位和个人都有保护大坝安全的义务。（√）

3. 大坝必须符合由省级水行政主管部门会同有关大坝主管部门制定的大坝安全技术标准。（×）

4. 大坝管理单位和有关部门应当做好防汛抢险物料的准备和气象水情预报，并保证水情传递、报警，以及大坝管理单位与大坝主管部门、上级防汛指挥机构之间联系通畅。（√）

5. 对达到设计洪水标准、抗震设防标准的大坝，大坝主管部门应当组织有关单位进行分类，采取除险加固等措施，或者废弃重建。（×）

6. 根据《水电站大坝运行安全监督管理规定》（国家发展改革委令 2015 年第 23 号）和《水电站大坝运行安全信息报送办法》（国能安全〔2016〕261 号）的相关规定、要求，电力企业应当在汛期向国家能源局大坝安全监察中心（简称大坝中心）报送大坝汛情，若当日未出现汛情则无需向大坝中心报送当日

汛情信息。（×）

7. 对坝高 70m 以上的大坝、库容 1 亿 m^3 以上的大坝和病险坝，电力企业应当建立大坝安全在线监控系统，并且接受大坝中心的监督。（×）

8. 对于除险、加固治理设计方案中涉及原设计功能改变的部分，只能经原设计审查单位审查。（×）

9. 各地要根据《水库大坝安全管理条例》（国务院令 1991 年第 77 号）的有关规定，全面建立和落实水库大坝安全责任制。大坝安全责任制要以地方政府行政首长负责制为核心，按照隶属关系，逐库落实同级政府责任人、水库主管部门责任人和水库管理单位责任人，明确各类责任人的具体责任，并落实责任追究制度。（√）

10. 防汛相关主要制度有防汛领导小组及防汛办公室工作制度，汛前检查和消缺管理制度，汛期值班制度，汛期巡查、汇报制度，汛后总结报告制度。主要规程有水务管理规程、水工观测规程、水工维护规程、水工机械运行检修规程、水工作业安全规程。（√）

11. 监督专责工程师应每月至少组织开展一次监督网活动，每半年至少举行一次本专业监督知识培训。（×）

12. 按照《水电站大坝运行安全信息报送办法》（国能安全〔2016〕261 号）规定报送的监测项目，电力企业不得擅自停测。对于失效的仪器设备应当尽快修复、更换或者采用其他替代监测方式。对于其他监测项目的设备封存或报废、监测频次和期限的调整，应当经过技术分析和安全论证，由电力企业上级管理单位审查后实施，实施情况应当报送大坝中心。（√）

13.《水电站大坝安全定期检查监督管理办法》（国能安全

〔2015〕145 号）规定大坝定检范围为挡水建筑物、泄水及消能建筑物、输水及通航建筑物的挡水结构、近坝库岸及工程边坡、闸门及启闭机、安全监测设施、引水发电建筑物、通航建筑物。（×）

14. 大坝运行实行安全注册登记制度。电力企业应当在规定期限内申请办理大坝安全注册登记。在规定期限内不申请办理安全注册登记的大坝，不得投入运行，但发电机组可以并网发电。（×）

15. 改变结构或对大坝、厂房等重要水工建筑物安全有重大影响的改造项目，应由原设计单位或具有资质的设计单位提出设计方案或专题报告，经主管单位审查批准后实施。（√）

16. 目前常用的评估大坝安全的方法有综合评价安全系数和风险分析等方法。（√）

17. 大坝运行（建设）单位应根据本单位大坝安全管理范围内的具体情况，补充、修编、完善监测技术规程，必要的规定不能少，整体的规定越多越好。（×）

18. 在汛期承担下游防洪任务的水库，汛期防洪限制水位以上的洪水调度由水库调度管理单位负责指挥调度。（×）

19. 应将地质灾害防范工作内容纳入日常管理工作当中，定期开展地质灾害风险辨识、隐患排查，落实技术防范措施。（√）

20. 经评估论证，存在地质灾害风险以及可能引发地质灾害，需采取地质灾害防治措施的工程项目，应当建设地质灾害防治工程，应当在主体工程建设之前完成。（×）

21. 对出现地质灾害前兆、可能造成人员伤亡或者重大财产损失的区域和地段，应当立即采取搬迁避让等措施，并划定为地质灾害危险区，予以公告，并在地质灾害危险区的边界设置明显警示标志。（√）

22. 我国水电站大坝安全管理按照企业依法自律和政府依法监管相结合的原则，建立健全水电站大坝安全管理的机制和体系。政府监管对企业自律起着监督、监察的作用，同时企业自律和政府监管又相辅相成，政府监管是大坝安全的基础，企业自律是大坝安全的保证。（×）

二、单选题

1. 水库蓄水安全鉴定应由_____组织。（D）

A. 政府机关　　B. 施工单位

C. 项目经理　　D. 项目法人

2. 水利工程采用的质量与安全生产应急响应行动分为_____级。（D）

A. 3　　B. 6

C. 5　　D. 4

3. 日常巡视检查在主体工程施工期，一般为一周一次；运行期应至少每月检查_____次。（A）

A. 1　　B. 2

C. 3　　D. 4

4. 安全鉴定在土坝建成后运用3～5年内必须对工程进行一次全面鉴定，以后每隔_____年进行一次。（C）

A. 6～8　　B. 6～9

C. 6～10　　D. 6～11

5. 监督工作贯彻“安全第一、预防为主、_____”的方针，

对发电企业设备设施（部件）的设计选型、制造安装、施工、运行维护、检修技改的所有环节实施全过程监督管理。（C）

A. 运行安全　　B. 防震减灾

C. 综合治理　　D. 消灭隐患

6. 发电企业制定的水电站水工安全运行管理规章制度可分为_____、操作规程、应急预案三类。（A）

A. 管理制度　　B. 技术规范

C. 作业指导书　　D. 五规五制

7.《水电站大坝运行安全信息报送办法》（国能安全〔2016〕261 号）规定，大坝中心负责建设运维_____大坝安全监督管理系统，监督指导电力企业大坝运行安全信息报送和信息化建设工作，分析处理电力企业报送数据、研判大坝安全状况。（D）

A. 当地　　B. 电力系统

C. 发电企业　　D. 全国

8.《水电站大坝运行安全监督管理规定》（国家发展改革委令 2015 年第 23 号）明确，大坝安全定期检查一般每五年进行一次，检查时间一般不超过一年半。首次定期检查后，定期检查间隔可以根据大坝安全风险情况动态调整，但不得少于三年或者超过_____年。（A）

A. 10　　B. 3

C. 6　　D. 8

9.《水电站大坝运行安全监督管理规定》（国家发展改革委令 2015 年第 23 号）规定电力企业委托大坝运行安全专业技术服务单位承担大坝运行安全分析、监测、测试、检验、检查、维护等具体工作的，大坝运行安全责任仍由_____承担。（C）

A. 双方　　B. 受托方

C. 委托方　　　　　　　　D. 业主

10. 禁止在河道、湖泊_____建设妨碍行洪的建筑物、构筑物，倾倒垃圾、渣土，从事影响河势稳定、危害河岸堤防安全和其他妨碍河道行洪的活动。（D）

A. 上游　　　　　　　　　B. 下游

C. 两岸岸边　　　　　　　D. 管理范围内

11. _____单位必须具备齐全的水库设计资料，掌握了解水库上、下游流域内的自然地理、水文气象、社会经济及综合利用等基本情况，为水库调度工作提供可靠依据。（A）

A. 水电站运行　　　　　　B. 水库调度管理

C. 水电站设计单位　　　　D. 水电站建设

12. 根据中国华电集团有限公司《水电新能源发电企业技术监督实施细则（试行）》要求，水工监督内容包括设计阶段的监督、_____的监督、运行维护阶段的监督。（D）

A. 施工阶段　　　　　　　B. 蓄水阶段

C. 试运行　　　　　　　　D. 建设阶段

13. 运行阶段水库调度、安全监测、巡视检查、维护检修、技术改造、科研等方面的_____和各类报告应及时归档，并规范管理。（B）

A. 原始资料　　　　　　　B. 原始资料及整理整编资料

C. 原始资料及修编资料　　D. 电子资料及纸质资料

14. 国家确定的重要_____、湖泊的防洪规划，由国务院水行政主管部门依据该江河、湖泊的流域综合规划，会同有关部门和有关省、自治区、直辖市人民政府编制，报国务院批准。（C）

A. 流域　　　　　　　　　B. 水系

C. 江河　　　　　　　　　　D. 河流

15. 并入电网运行的水电站必须服从_____统一调度。在汛期承担下游防洪任务的水库，其汛期_____以上的防洪库容的运用，必须服从有管辖权的防汛指挥机构的指挥和监督。（A）

A. 电网的，防洪限制水位

B. 电网的，防洪控制水位

C. 上级调度的，防洪限制水位

D. 上级调度的，防洪控制水位

16. 水库大坝实行定期安全鉴定制度，首次安全鉴定应在竣工验收后_____年内进行。（D）

A. 3　　　　　　　　　　B. 6

C. 8　　　　　　　　　　D. 5

17. 工程验收结论应经过_____以上验收委员会成员同意。（D）

A. 全部　　　　　　　　　　B. 一半

C. 四分之三　　　　　　　　D. 三分之二

18. 中国华电集团有限公司监督工作实行季度报告制度，每季度第一个月_____个工作日内，上报上一季度各专业监督总结（包括机组 A 修报告）和报表，每年_____前，将上年度监督工作总结报集团公司、二级单位及华电电科院。（B）

A. 7，1 月 16 日　　　　　　B. 7，1 月 15 日

C. 6，1 月 16 日　　　　　　D. 6，1 月 15 日

19. 发电企业每年由总工程师（或生产副厂长、副总经理）依据中国华电集团有限公司《水电新能源发电企业技术监督实施细则（试行）》组织进行自检，于_____前完成自评价，并将自检报告和得分表报送华电电科院。（C）

A. 1月30日　　　　　　B. 6月30日

C. 1月31日　　　　　　D. 12月30日

20. 大坝安全注册实行动态管理。甲级注册登记证有效期为_____年，乙级、丙级注册登记证有效期为_____年。（B）

A. 5，5　　　　　　B. 5，3

C. 3，5　　　　　　D. 3，3

21. 根据《水电站大坝运行安全监督管理规定》（国家发展改革委令2015年第23号），对坝高100m以上的大坝、库容1亿m^3以上的大坝和病险坝，电力企业应当建立_____，并且接受大坝中心的监督。（C）

A. 大坝安全监测自动化系统

B. 流域水情自动测报系统

C. 大坝安全在线监控系统

D. 水调自动化系统

22. 根据《习近平总书记关于安全生产重要论述摘编》，要做到_____。各地区和各行业领域要深刻吸取安全事故带来的教训，强化安全责任，改进安全监管，落实防范措施。（A）

A. 一厂出事故，万厂受教育；一地有隐患，全国受警示

B. 一地出事故，万人受教育；一地有隐患，全国受警示

C. 一厂出事故，万厂受教育；一方有隐患，全国受警示

D. 一厂出事故，万人受教育；一地有隐患，全国受警示

23. 根据《习近平总书记关于安全生产重要论述摘编》，我们就是要按照"_____"的要求对安全生产进行排查，整治隐患、堵塞漏洞、强化措施。（A）

A. 全覆盖、零容忍、严执法、重实效

B. 全覆盖、零容忍、严执法、重实施

C. 全覆盖、零容忍、严执法、重成效

D. 全覆盖、零容忍、严执法、重落实

24. 下列不属于政府监管部门有关大坝安全管理法规的是_____。（D）

A.《水库大坝安全管理条例》（国务院令 1991 年第 77 号）

B.《水电站大坝运行安全监督管理规定》（国家发展改革委令 2015 年第 23 号）

C.《水电站大坝安全监测工作管理办法》（国能发安全〔2017〕61 号）

D.《中华人民共和国水法》

25. _____可在大坝安全管理办法中，专章“转化、承接、细化”集团要求，规定监测工作分工和职责，对外委托监测工作，具备运行服务的特征，要有专门的管理要求，不能仅在合同中提出要求。（A）

A. 运行单位　　B. 集团公司

C. 水电技术中心　　D. 直属单位

26. 大坝安全管理评价中的“PDCA”循环，“C”是指______。（C）

A. 监测　　B. 监督

C. 检查　　D. 监控

27. 在坝轴线上、下游_____m 内的水面及岸边为水库调度管理单位的管理禁区（特殊情况另定），任何单位及个人不得在管理禁区内从事堆放货物、炸捕水生物、开荒种植及开采沙石料等一切危害枢纽工程的任何活动。（B）

A. 200　　B. 300

C. 400　　D. 500

28. 各直属单位应加强对本区域地质灾害风险和隐患全过程的动态闭环管控，对本区域内中型及以上地质灾害风险和隐患实施挂牌督办，并每_____向集团公司报送中型及以上地质灾害风险和隐患控制治理工作情况。（C）

A. 天　　B. 周

C. 月　　D. 季度

29. 应进行大坝安全监测资料综合分析，并提出相应监测报告的时期不包括_____。（B）

A. 第一次蓄水时

B. 首台机组投产发电时

C. 竣工验收时

D. 大坝安全鉴定（定期检查）时

30.《水库大坝安全管理条例》（国务院令 1991 年第 77 号）要求，大坝管理单位必须按照有关技术标准，对大坝进行_____；对监测资料应当及时整理分析，随时掌握大坝运行状况。（A）

A. 安全监测和检查　　B. 日常检查

C. 巡视检查　　D. 定期检查

31.《水电站大坝运行安全监督管理规定》（国家发展改革委令 2015 年第 23 号）明确，对坝高_____m 以上的大坝、库容_____m^3 以上的大坝和病险坝，电力企业应当建立大坝安全在线监控系统，并且接受大坝中心的监督。（D）

A. 70，1 亿　　B. 60，10 亿

C. 70，10 亿　　D. 100，1 亿

32. 要求大坝安全监测数据 48h 报送至国家能源局大坝安全监察中心的不包括_____。（A）

A. 塘坝　　B. 坝高 70m 以上

C. 病险坝　　D. 库容 1 亿 m^3 以上

33. 根据《水电站大坝运行安全信息报送办法》（国能安全〔2016〕261 号）的规定，大坝报送信息不包括_____。（D）

A. 大坝汛情　　B. 大坝灾情

C. 大坝安全监测信息　　D. 水库库容曲线

三、多选题

1. 各级水利、_____等有关部门，是其所管辖的大坝的主管部门。（ABCD）

A. 能源　　B. 建设

C. 交通　　D. 农业

2. 大坝出现险情征兆时，大坝管理单位应当立即报告_____，并采取抢救措施；有垮坝危险时，应当采取一切措施向预计的垮坝淹没地区发出警报，做好转移工作。（BC）

A. 政府部门　　B. 上级防汛指挥机构

C. 大坝主管部门　　D. 国务院

3. 大坝主管部门应当对其所管辖的需要加固的险坝制定加固计划，限期消除危险；有关人民政府应当优先安排所需_____。（AB）

A. 资金　　B. 物料

C. 技术　　D. 人力

4.《水电站大坝运行安全监督管理规定》（国家发展改革委令 2015 年第 23 号）所称大坝，是指包括_____以及这些建筑物与结构的地基、近坝库岸、边坡和附属设施。（ACD）

A. 横跨河床和水库周围垭口的所有永久性挡水建筑物

B. 电站厂房

C. 泄洪建筑物

D. 输水和过船建筑物的挡水结构

5. 大坝蓄水验收和枢纽工程专项验收前应当分别经过_____。（AC）

A. 蓄水安全鉴定　　B. 启动验收会

C. 竣工安全鉴定　　D. 完工验收

6. 电力企业应当做好的工作有_____。（ACD）

A. 加强大坝安全检查、运行维护与除险加固等工作

B. 投入足够人力、物力做好大坝管理

C. 保证大坝主体结构完好

D. 大坝安全设施运行可靠

7. 电力企业负责人及相关管理人员应当_____。（AC）

A. 定期培训

B. 持证上岗

C. 具备大坝安全专业知识和管理能力

D. 身体健康，精神正常

8. 从事大坝运行安全监测、维护及闸门启闭操作的作业人员应当_____。（AB）

A. 经过相关技术培训

B. 持证上岗

C. 具备大坝安全专业知识和管理能力

D. 培训合格并取得证书

9. 下列_____属于正常坝的评价标准。（ABCD）

A. 防洪能力符合规范要求，或者非常运用情况下的防洪能力略有不足，但大坝安全风险低且可控

B. 坝基良好，或者虽然存在局部缺陷但无趋势性恶化，大

坝整体安全

C. 大坝结构安全度符合规范要求，或者略有不足，但大坝安全风险低且可控

D. 大坝运行性态总体正常

10. 大坝安全注册应当符合的条件包括_____。（ABCD）

A. 依法取得核准（或者审批）手续

B. 新建大坝具有竣工安全鉴定报告及其专题报告；已运行大坝具有近期的定期检查报告和定期检查审查意见

C. 有完整的大坝勘测、设计、施工、监理资料和运行资料

D. 有职责明确的管理机构、符合岗位要求的专业运行人员、健全的大坝安全管理规章制度和操作规程

11. 在溃口洪水分析中，重力坝和拱坝宜采用_____模式。（AB）

A. 瞬时全溃　　B. 瞬时局部溃决

C. 逐步溃坝　　D. 逐步全溃

12. 应急指挥要求：应按照"_____"的原则，成立水库大坝突发事件应急指挥机构，并应明确应急指挥长、副指挥长及成员。应急指挥长宜与水库大坝安全管理政府责任人一致。（AC）

A. 分级负责　　B. 统一管理

C. 属地管理　　D. 服从上游

13. Ⅳ级、Ⅲ级应急响应由_____启动。（AB）

A. 应急指挥机构授权

B. 应急指挥机构

C. 企业根据实际情况自行

D. 根据应急预案相应级别

14. 水库大坝安全管理应急预案，应规定应急响应和处置结束的条件，可宣布应急结束，解除紧急期，包含_____。（ACD）

A. 险情得到控制，警报解除

B. 大坝水位降至安全位置

C. 风险人口全部撤离并安置完毕

D. 洪水消退或水污染得到控制

15. 对已投入运行的水电站大坝安全状况进行评价的过程，需要做的工作有_____。（BCD）

A. 现场查看大坝运行状况

B. 确定大坝安全等级

C. 提出存在问题的处理意见及运行中重点监控的部位和管理要求

D. 编写大坝安全评价报告

16. 水电站大坝运行安全评价，应全面排查和发现大坝可能存在的_____，分析论证其对大坝安全的影响程度。（AB）

A. 缺陷 B. 隐患

C. 管理问题 D. 安全问题

17. 大坝投入运行后，监测系统的运行管理由电力企业负责。监测工作人员应当具备条件包括_____。（ABC）

A. 水工建筑物和监测技术专业知识

B. 大坝安全管理能力

C. 经过相关技术培训

D. 具有水工相关专业的人员

18. 根据《水电站大坝运行安全信息报送办法》（国能安全〔2016〕261 号），对于新投入运行的大坝，电力企业应当自_____之日起开始报送信息。（AC）

A. 申报大坝登记备案

B. 大坝下闸蓄水

C. 申请大坝安全注册登记

D. 机组投产发电

19. 取得安全注册登记证的大坝，有_____情形之一的，按照有关规定处理，由大坝中心提出并经国家能源局批准或者由国家能源局责令，撤销安全注册登记证，出具登记备案证明。（AB）

A. 电力企业采用隐瞒、欺骗、贿赂等不正当手段取得安全注册登记证的

B. 大坝中心有关人员违反规定颁发安全注册登记证的

C. 最近一次定期检查或特种检查评定为险坝或病坝且六个月内未按要求整改

D. 取得乙级安全注册登记证的大坝未按计划开展定期检查相关工作且逾期超过一年

20.《水力发电企业防汛工作手册》（中国华电安制〔2018〕468号）检查建立健全防汛组织与落实岗位责任制情况，主要检查_____。（ACD）

A. 防汛组织是否建立健全了以行政首长为组长的防汛领导小组，是否下设防汛办公室和防汛抢险队

B. 领导值班带班要求安排检查

C. 防汛任务是否已明确制定当年防汛工作目标、计划和应急预案

D. 落实各防汛岗位责任制及职责是否落实

21.《水力发电企业防汛工作手册》（中国华电安制〔2018〕468号）检查防汛规章制度是否健全，主要按照_____进行。（ABD）

A. 上级有关部门的防汛文件齐备

B. 防汛领导小组及其办公室工作制度、汛期值班制度、汛期灾情报告制度、防汛物资管理制度等相关制度齐备，并及时做了修订

C. 值班纪律制度是否科学合理

D. “五规五制”齐全、有效

22. 水力发电企业对于灾情报送的报告内容有_____。(ABCD)

A. 灾情发生的时间、地点、单位及主要负责人

B. 灾情发生的简要经过、伤亡情况、直接经济损失的初步估计；设备损坏的初步情况

C. 灾情发生原因的初步判断

D. 正在采取的紧急措施

23. 大坝主管部门应当组织有关单位，对险坝可能出现的垮坝方式、淹没范围作出预估，并制定_____、报_____批准。(BC)

A. 工作计划　　B. 应急方案

C. 防汛指挥机构　　D. 业务主管部门

24. 水工建筑物安全鉴定包括_____基本程序。(ABC)

A. 安全评价　　B. 安全评价成果审查

C. 安全鉴定报告书审定　　D. 结果公布

25. 大坝安全管理的主要工作有_____。(ABCD)

A. 检查与观测

B. 养护修理

C. 调度运用

D. 水利管理自动化系统的应用

26. 从原因上来分析，影响大坝安全的主要因素有_____。(ACD)

A. 自然灾害　　B. 断面位置

C. 老化　　D. 人为原因

27. 水工建筑物日常检查分为_____。(ABCD)

A. 日常巡视检查　　B. 年度详查

C. 专项检查　　D. 特别检查

28. 选项中出现下列情况之一，大坝将被评定为暂不予注册的是_____。(ACD)

A. 不符合大坝安全注册基本条件

B. 管理实绩考核评价低于 70 分的正常坝

C. 管理实绩考核评价低于 80 分的病坝

D. 险坝

29. 关于注册、备案说法正确的选项是_____。(ABC)

A. 首次注册登记应在竣工安全鉴定或大坝安全定期检查后三个月内完成

B. 在大坝安全注册登记证有效期满前三个月内，应完成注册登记换证

C. 当主管单位、运行单位、大坝安全等级等主要注册事项发生变化后，三个月内应完成注册登记变更

D. 新建大坝通过蓄水安全鉴定后，在所有发电机组转入商业运营前应备案

30.《水电站大坝运行安全信息报送办法》(国能安全〔2016〕261 号）规定，大坝报送信息包括大坝安全监测信息和_____。(ABD)

A. 大坝汛情　　B. 大坝灾情

C. 大坝变形情况　　D. 大坝事故

31. 水工建筑物监督检查分为_____。(ABCD)

A. 日常巡查　　B. 年度详查

C. 定期检查　　D. 特种检查

32. 监督管理档案应包括的文件有_____。(ABCD)

A. 国家、行业标准、规程

B. 集团公司相关规定和反事故措施等集团公司相关规定

C. 各专业监督有关文件

D. 监督工作计划、报表、总结、监督会议纪要、培训资料等

33. 根据《水电站大坝安全监测工作管理办法》(国能发安全〔2017〕61号)的要求，将监测系统检查维护分为_____。(ABC)

A. 日常巡查维护　　B. 年度详查维护

C. 定期检查维护　　D. 故障检查维护

34. 下列选项中正确的是_____。(AB)

A. 对坝高100m以上的大坝、库容1亿m^3以上的大坝和病险坝，电力企业应当建立大坝安全在线监控系统，并且接受大坝中心的监督

B. 监测设备的封存、报废，监测项目、测点、频次和期限的调整，应当由水电站运行单位提出、大坝主管单位审查，经大坝中心确认后实施

C. 定期检查必须每五年一次

D. 电力企业应当每2～3年开展一次大坝安全年度详查工作

35. 保障安全生产的措施有_____。(ABC)

A. 安全投入　　B. 安全管理

C. 安全装备　　D. 安全监督

36. 应急指挥部应该组织好哪些应急救援基本队伍_____。（ABC）

A. 工程设施抢修队　　B. 专家咨询队伍

C. 应急管理队伍　　D. 卫生救援队伍

37. 水利工程档案的保管期限为_____。（AB）

A. 永久　　B. 长期

C. 50 年　　D. 30 年

38. 监督工作贯彻_____的方针，对发电企业设备设施（部件）的设计选型、制造安装、施工、运行维护、检修技改的所有环节实施全过程监督管理。（ABC）

A. 安全第一　　B. 预防为主

C. 综合治理　　D. 科学治理

39. 在取水许可证有效期限内出现_____情形的，取水单位或者个人应当重新提出取水申请。（ABCD）

A. 取水量或者取水用途发生改变的（因取水权转让引起的取水量改变的情形除外）

B. 取水水源或者取水地点发生改变的

C. 退水地点、退水量或者退水方式发生改变的

D. 退水中所含主要污染物及污水处理措施发生变化的

40. 电力企业应当保证大坝安全监测系统、泄洪消能和防护设施、应急电源等安全设施与大坝主体工程______。（ABD）

A. 同时设计　　B. 同时施工

C. 同时完成验收　　D. 同时投入运行

41. 水电站运行单位的技术监督职责有_____。（AD）

A. 建立健全水工技术监督责任制和有关规章制度

B. 协调参建单位做好水工技术监督相关配合工作

C. 组织制定水工技术监督管理工作计划

D. 开展水工技术监督人员的培训、考核

42. 地质灾害按照人员伤亡、经济损失的大小，分为四个等级。下列分级表述错误的是_____。（AB）

A. 特大型：因灾死亡 50 人以上或者直接经济损失 1000 万元以上的

B. 大型：因灾死亡 10 人以上 50 人以下或者直接经济损失 500 万元以上 1000 万元以下的

C. 中型：因灾死亡 3 人以上 10 人以下或者直接经济损失 100 万元以上 500 万元以下的

D. 小型：因灾死亡 3 人以下或者直接经济损失 100 万元以下的

43. 水库大坝等水利工程应根据本工程所处的地质条件、_____和周边土地利用状况，按照政府规定划定管理范围和保护范围。（BCD）

A. 工程位置　　B. 工程结构

C. 工程规模　　D. 安全需求

44. 直属单位水工管理职责包括_____。（ABCD）

A. 数据及资料的对标统计（考核数据的准确性和工作及时性）

B. 监测数据的整编和统计分析

C. 对监测项目异常情况及报警数据进行统计和分析

D. 对区域所辖大坝基本状况进行评估分析

45. 下列属于水电站运行单位有关大坝安全管理制度的是_____。（ABCD）

A. 水工建筑物维护规程

B. 防汛抢险应急预案

C. 水工技术监督工作制度

D. 安全监测系统运行维护规程

46. 根据《水电站大坝安全监测工作管理办法》（国能发安全〔2017〕61 号），当发生_____时，电力企业应当加强巡视检查，增加监测频次（必要时增加监测项目），及时分析监测数据，评判大坝运行状态。（ABC）

A. 地震　　B. 大洪水

C. 库水位骤升骤降　　D. 冰冻

四、填空题

1. 水电站大坝运行安全管理应当坚持安全第一、预防为主、综合治理的方针。

2. 电力企业是大坝运行安全的责任主体，应当遵守国家有关法律法规和标准规范，建立健全大坝运行安全组织体系和应急工作机制，加强大坝运行全过程安全管理，确保大坝运行安全。

3. 电力企业应当保证大坝安全监测系统、泄洪消能和防护设施、应急电源等安全设施与大坝主体工程同时设计、同时施工、同时投入运行。

4. 电力企业应当对大坝进行日常巡视检查。每年汛期及汛前、汛后、枯水期、冰冻期、遭遇大洪水发生有感地震或者极端气象等特殊情况，电力企业应当对大坝进行详细检查。电力企业应当及时处理发现的大坝缺陷和隐患。

5. 大坝中心应当定期检查大坝安全状况，评定大坝安全等级。定期检查一般每 5 年进行 1 次，检查时间一般不超过 1.5 年。首次定期检查后，定期检查间隔可以根据大坝安全风险情况动态调整，但不得少于 3 年或者超过 10 年。

6. 在监测系统更新改造过程中，电力企业应对重要监测项目采取临时监测措施，保证监测数据有效衔接。

7. 电力企业应当制定大坝安全监测管理制度和技术规程，建立运行期大坝安全监测技术档案。

8. 电力企业应当按照《水电站大坝运行安全信息报送办法》（国能安全〔2016〕261 号）向大坝中心等有关单位报送大坝安全监测信息，并且对报送信息的及时性、准确性、完整性负责。

9. 大坝运行安全信息分为 日常信息、年度报告、专题报告三类。

10. 大坝运行实行安全注册登记制度。大坝安全注册登记实行分类、分级管理，其等级依据为大坝安全现状和管理实绩，大坝安全注册等级分为甲、乙、丙三级。

11. 大坝安全注册登记程序包括注册登记申请、材料审查、专家评审、注册决定、颁发证书等环节。大坝运行安全信息中的年度报告包括大坝安全年度详查报告、大坝安全注册登记自查报告和大坝安全工作年度报表。

12. 大坝中心应当定期检查大坝安全状况，评定大坝安全等级。大坝安全等级分为正常坝、病坝、险坝三级。

13. 电力企业应当按照专家组意见总结上次大坝定检或工程竣工安全鉴定以来大坝运行状况和维护情况，提出运行总结报告。按照专家组意见对大坝进行现场检查，提出现场检查报告。

14. 大坝定检是指定期对已运行大坝的结构安全性和运行状态进行的全面检查和安全评价。

15. 大坝定检报告应当评定大坝安全等级，对工程缺陷与隐患提出处理要求。

16. 电力企业应当于每年 3 月底前完成上一年度监测资料的整编工作。

17. 中国华电集团有限公司监督工作贯彻“安全第一、预防为主、综合治理”的方针，对发电企业设备设施（部件）的设计选型、制造安装、施工、运行维护、检修技改等生产、运营环节实施全过程监督管理。

18. 水库电力企业应当加强大坝安全检查、运行维护与除险加固等工作，保证大坝主体结构完好，大坝安全设施运行可靠。

19. 基层单位技术监督主要职责：建立技术监督组织机构，建立健全以总工程师（或生产厂长）为技术监督总负责人的技术监督管理网络和各级监督岗位责任制，建立专业监督预警机制。

20. 运行维护阶段的监督内容包括防汛工作的监督、水库调度的监督、安全监测的监督、水工建筑物检查的监督、水工建筑物维护检修的监督、泄洪设备的监督、库区及下游河道的监督。

21.《水电站大坝运行安全信息报送办法》（国能安全〔2016〕261号）适用在能源局注册登记和备案的大坝运行安全信息的报送、使用及监督管理单位。

22. 风险评估管控措施有日常管控、预测预警、工程治理和应急处置。

23. 水库建成投入运用后，因水文条件，工程情况及综合利用任务等发生变化，水库不能按设计规定运用时，上级主管部门应组织运行管理、设计等有关单位，对水库运用参数及指标进行复核。正常情况下，每隔5～10年进行一次复核。

24. 发现重大地质灾害隐患或地质灾害监测数据发生突变，以及附近地区发生地震等重大自然灾害后，相关单位应当要求设计单位或聘请专业评估机构，进行全面的地质灾害风险分析，并提出风险分析评估报告，明确防范治理方案。

25. 在大坝安全管理评价中，应结合上级及本单位相关制度、规程，编制大坝安全管理评价清单。

26. 大坝枢纽范围内新建、改建或者扩建建筑物，应当按照规定进行大坝安全影响专项论证，并且经过大坝安全技术监督单位评审。

五、简答题

1. 大坝定检报告的主要内容有哪些?

答：（1）工程概况。

（2）历次大坝定检（或竣工安全鉴定、枢纽工程专项验收）意见落实情况。

（3）本次大坝定检工作情况。

（4）大坝设计、施工质量评价（仅对首次大坝定检）。

（5）大坝运行和检查情况。

（6）专项检查（研究）情况。

（7）大坝安全评价及大坝安全等级评定意见。

（8）存在问题和处理意见。

（9）运行中应当重点关注的部位和问题。

2. 大坝安全管理实绩主要考核评价内容有哪些？

答：贯彻执行大坝安全法律法规和标准规范情况；大坝安全制度规程建设和执行情况；大坝安全工作人员素质和能力；防汛、应急管理、大坝安全信息报送情况，大坝安全检查、监测情况，大坝安全资料及档案管理情况；大坝维护、隐患及缺陷处理、整改落实及安全经费保障情况。

3. 工程保护范围与水库保护范围划定规定有哪些？

答：工程保护范围在工程管理范围边界线外延，大型水库为上、下游 300～500m，两侧 200～300m；中型水库为上、下游 200～300m，两侧 100～200m。

水库保护范围应在坝址以上、库区两岸（包括干、支流）土地征用线以上至第一道分水岭脊线之间的陆地。

4. 作为水电站运行单位防汛及大坝安全管理工作，必须根据各电站水库大坝的实际情况建立相关的标准及制度，并根据水库大坝的运行需要不断健全完善。简述“五规五制”有哪些。

答：（答案一）水务管理规程、水工建筑物安全监测规程、水工机械运行检修规程、水工建筑物维护规程、水工作业安全规程，以及防汛岗位责任制、现场安全检查制、大坝检查评级制、报汛制、年度防汛计划及总结制。

（答案二）水务管理规程、水工观测规程、水工机械运行检修规程、水工维护规程、水工作业安全规程，岗位责任制、现场安全检查制、大坝检查评比制、报汛制、年度防汛总结制。

（以上两种答案均可）

5.《水电站大坝运行安全监督管理规定》（国家发展改革委令2015年第23号）规定电力企业是大坝运行安全的责任主体，主体责任有哪些？

答：（1）组织机构保障责任。

（2）规章制度保障责任。

（3）设备设施保障责任。

（4）安全管理保障责任。

（5）资金投入保障责任。

（6）教育培训保障责任。

（7）事故报告和应急救援责任。

（8）法律、法规规定的其他责任。

6. 运行阶段水工监督包括哪几方面内容？

答：防汛工作、水库调度、安全监测、水工建筑物检查、水工建筑物维护检修、水工金属结构、库区管理、工程技术档案等方面的监督。

7. 大坝安全信息化的内容有哪些？

答：（1）对大坝安全评价过程的记录和相关专题报告、评价报告进行管理。

（2）对大坝汛前准备、汛中应对、汛后总结等过程的工作记录，以及防汛方案、调度运用计划和防洪抢险应急预案等相关文件进行管理。

（3）录入人工监测数据，检查自动化监测系统运行状态，处理和标注异常数据，统计和分析监测数据，编制各类监测报告。

（4）按监控方案设置监控对象、监控指标和规则，分析、处理和确认监控评判结论，记录异常情况的处置信息。

（5）设置检查对象和路线，制定检查计划和任务，开展现场检查工作，记录文字、照片、视频等检查结果。

（6）完成隐患录入、认定、计划、治理、消缺、确认等过程的记录和流程。

（7）录入风险评估成果和风险管控方案，完成风险应对过程的记录。

（8）发生大坝安全突发事件时，对大坝安全信息进行分析研判，对应急预案和突发事件应对过程的工作记录进行管理。

（9）对大坝安全管理评价流程、评价报告、意见落实（措施、计划、实施和验证）过程进行管理。

（10）设置各类大坝安全工作报告模板，定期或不定期生成各类报告。

（11）设置相关信息的报送对象和报送内容，检查自动报送情况。

（12）根据大坝安全管理工作职责，设置相关人员使用系统的权限。

8. 简述水电站大坝定检工作各相关方（国家能源局、派出机构、大坝中心、电力企业）职责。

答：（1）国家能源局：负责全行业大坝定检的综合监督管理。

（2）派出机构：负责辖区内大坝定检的监督管理。

（3）大坝中心：负责定期检查大坝安全状况、评定大坝安全等级。

（4）电力企业：按要求做好大坝定检相关工作，落实大坝定检经费。

第二章

防　　汛

一、判断题

1. 水库的防汛工作只需水库调度管理单位负责及上级主管单位领导。（×）

2. 在汛期，汛限水位以上的防洪库容以及洪水调度运用服从有管辖权的防汛指挥机构的统一调度指挥，汛限水位以下库容服从调度机构统一调度指挥。（√）

3. 不承担下游防洪任务的水库，其汛期洪水调度由水库调度管理单位负责指挥调度。（√）

4. 有防汛抗洪任务的企业应当根据所在流域或者地区经批准的防御洪水方案和洪水调度方案，规定本企业的防汛抗洪措施，在征得其所在地乡级人民政府水行政主管部门同意后，由有管辖权的防汛指挥机构监督实施。（×）

5. 水库、水电站、拦河闸坝等工程的管理部门，应当根据工程规划设计、经批准的防御洪水方案和洪水调度方案以及工程实际状况，在兴利服从防洪，保证安全的前提下，制定汛期调度运用计划，经本单位领导审查批准后，可以执行该计划。（×）

6. 防洪调度的原则：在确保水库安全的前提下，充分发挥工程效益，协调好水库上下左右，防洪与灌溉、发电等各方关系，以确定最优的防洪、兴利水位和运用方式。（√）

7. 当发生特大暴雨洪水和溃口、分洪、溃坝等特殊水情以及水污染事故时，应及时报告，不能用报文报送的方式，应以电话、传真或其他方式报告。（√）

8. 防汛物资与后勤保障内容包括：备足防汛抢险物资和设备，并建立台账，专项保管；确保防汛交通与通信工具在汛期始终处于完好状态；有足够的生活物资和医药储备。（√）

9. 防汛协调工作情况内容包括：召开有地方人民政府参加的地区联合防汛会，明确各方职责；明确与地方人民政府防汛指挥部门及上、下游的联系方式；落实与气象、水文部门的报汛协议，确保汛情信息畅通，充分发挥其在防汛工作的耳目作用；参加上级有关部门组织的防汛工作会议情况。（√）

10. 汛后，对当年发生的洪水特性、调度情况、洪水调度方案的执行情况、工程水毁状况、防洪抢险救灾中的经验教训等进行全面的总结。（√）

11. 按照本年汛期结束之日就是下一个汛期开始之时的精神，抓好水毁工程的修复、防洪调度方案和度汛应急预案的修订、防汛物资补充、防汛通信和水情系统的完善等工作。（√）

12. 防汛应急预案是指针对可能发生的各类突发事件，为迅速、有序地展开应急行动而预先制定的行动方案。（√）

13. 洪水调度的目的就是保证大坝和下游防洪对象的安全。（√）

14. 入库洪水的判别方法主要有入库流量法、库水位法和

峰前量法。（√）

15. 洪水调度过程中，库水位下降的速度不需考虑。

（×）

16. 洪水调度过程中，水库的最大下泄流量不得超过本次洪水的入库洪峰流量。（×）

二、单选题

1. 当江河、湖泊的水情接近保证水位或者安全流量，水库水位接近设计洪水位，或者防洪工程设施发生重大险情时，有关县级以上人民政府防汛指挥机构可以宣布进入_____。（C）

A. 紧急时期　　B. 危险期

C. 紧急防汛期　　D. 紧急调度期

2. 24h 内的降雨量称之日降雨量，凡是日降雨量在_____为中雨，25.0～49.9mm 为大雨，50.0～99.9mm 为暴雨。（B）

A. 10mm 以下　　B. 10.0～24.9mm

C. 15.0～24.9mm　　D. 10～20mm

3. 运行阶段监督指标及标准中，洪水预报合格率应大于或等于_____。（A）

A. 85%　　B. 90%

C. 95%　　D. 99%

4. 洪水预报的预见期是_____。（C）

A. 洪峰出现的时间

B. 洪水从开始到终止的时间

C. 从发布预报时刻到预报洪水要素出现时刻所隔的时间

D. 从收到报汛站资料开始到预报洪水要素出现时刻所隔的时间

5. 国家工作人员，滥用职权，玩忽职守，徇私舞弊，致使防汛抗洪工作遭受_____，构成犯罪的，将依法追究刑事责任。（D）

A. 被动影响的　　B. 重大阻碍的

C. 重大险情的　　D. 重大损失的

6. 洪水调度过程中在使用洪水预报时，应根据_____充分计算及预报误差并留有余地。（A）

A. 预报用途　　B. 实际情况

C. 调度经验　　D. 要求

三、多选题

1. 防洪调度的原则有_____。（ABCD）

A. 在保证大坝安全的前提下，按下游防洪需要对洪水进行调蓄

B. 水库与下游河道堤防和分、滞洪区防洪体系联合运用，充分发挥水库的调洪作用

C. 防洪调度方式的判别条件要简明易行，在实时调度中对各种可能影响泄洪的因素要有足够的估计

D. 汛期限制水位以上的防洪库容调度运用，应按各级防汛指挥部门的调度权限，实行分级调度

2. 当遇到超过水库校核标准的洪水时，要及时向下游报警并尽可能采取紧急抢护措施，力争保护_____的安全。（AC）

A. 主坝　　B. 电厂

C. 重要副坝　　D. 人员

3. 水库调度与防洪有关的特征水位有_____。（ABCD）

A. 防洪限制水位　　B. 防洪高水位

C. 设计洪水位　　D. 校核洪水位

4. 水库防洪限制水位的确定一般应考虑_____等因素。（ABC）

A. 工程质量　　B. 水库防洪标准

C. 水文情况　　D. 库区航运

5. 水库防护对象的防洪标准主要包括_____。（AD）

A. 下游河道防洪标准　　B. 校核洪水标准

C. 设计洪水标准　　D. 上游保护区防洪标准

6. 判别入库洪水标准有_____。（BCD）

A. 平均水位法　　B. 最高库水位判别法

C. 最大流量判别法　　D. 综合判别法

7. 建库后，入库洪水与坝址洪水相比，有较大的变化，其变化的原因有_____。（BCD）

A. 变化原因较复杂，无法分析

B. 天然河道调蓄作用的消失

C. 库区内洪水传播时间缩短

D. 回水区产流和库周围汇流条件的改变

8. 梯级洪水调度原则是_____。（ABCD）

A. 确保上下游人民生命财产的安全

B. 确保水电站防汛及大坝安全

C. 按设计确定的目标、任务或上级有关文件规定进行洪水调度，最大限度地减少弃水，充分发挥梯级水电站发电效益

D. 遇超标洪水、战争、地震等非常情况时，以保证大坝安全为主，采取的应急措施须尽可能考虑下游损失

9. _____必须加强对所辖水工程设施的管理维护，保证其

安全正常运行，组织和参加防汛抗洪工作。（ACD）

A. 河道管理机构

B. 水行政主管部门

C. 水利水电工程管理单位

D. 江河沿岸在建工程的建设单位

10. _____可以结合平时的管理任务，组织本单位的防汛抢险队伍，作为紧急抢险的骨干力量。（AC）

A. 河道管理机构　　B. 地方政府

C. 其他防洪工程管理单位　　D. 公安消防部门

11. 汛期调度运用计划经批准后，由_____等工程的管理部门负责执行。（ABC）

A. 水库　　B. 水电站

C. 拦河闸坝　　D. 堤防

12. 根据《水力发电企业防汛工作检查大纲》，检查汛前水库上下游调查工作，主要内容为_____。（AD）

A. 汛前要对库区进行调查，掌握坍岸、滑坡及其他有害于水库安全运行的情况，并采取相应措施，有重大问题的及时报上级主管部门

B. 是否已对大坝做了宏观检查（表面混凝土冻融、裂缝、坝基坝肩及边坡稳定、下游冲刷变化情况等）

C. 大坝全面观测及资料整编分析（变形及扬压力、渗漏量等）是否已做

D. 汛前是否了解水库下游主河道行洪能力变化情况，并报上级主管部门

13. 根据《水力发电企业防汛工作检查大纲》，汛前大坝观测情况检查，主要内容有_____。（ACD）

A. 是否已对大坝做了宏观检查（表面混凝土冻融、裂缝、坝基坝肩及边坡稳定、下游冲刷变化情况等）

B. 汛前是否了解水库下游主河道行洪能力变化情况，并报上级主管部门

C. 大坝全面观测及资料整编分析（变形及扬压力、渗漏量等）是否已做

D. 高水位观测方案（包括加密测次及增加项目等）有否

14. 根据《水力发电企业防汛工作检查大纲》，检查泄洪设施维护与运行工作，主要内容有_____。（BCD）

A. 汛前是否了解水库下游主河道行洪能力变化情况，并报上级主管部门

B. 对所有泄洪设施是否已进行汛前检查与维护

C. 所有泄洪设施是否有独立可靠的备用电源

D. 汛前是否对泄洪闸门进行了启闭试验

15. 根据《水力发电企业防汛工作检查大纲》检查通信设备及报汛设施维护及调试工作，主要内容有_____。（ABCD）

A. 通信设施和通道是否进行了全面检查、维护与调试

B. 利用地方电台报汛的，汛前是否已同地方水文气象及邮电部门签订了报汛合同

C. 有水情自动测报系统的，汛前是否对系统进行了检查调试，有问题的测站是否进行了处理

D. 建成水库调度综合自动化系统的，汛前是否对系统设备、应用软件进行了全面调试，有问题的设备及应用软件是否进行了检修及修正

16. 水力发电企业，汛后检查主要内容有_____。（ABC）

A. 对大坝、泄洪设施等水工建筑物，库区、近坝库岸、下游河道，泄洪闸门及启闭系统等机电设备进行检查

B. 编制汛后检查报告，对存在的问题提出建议处理方案，及时报送水毁工程修复方案

C. 对大坝安全监测系统、水情自动测报系统进行检查、维护

D. 灾害损失情况统计上报

17. 在建水电工程应确定有管辖权的地方政府主要负责人担任项目防汛行政负责人，已完工验收电站水库应落实五大防汛责任人。这五大防汛责任人是_____、防汛技术责任人、岗位责任人。（ABC）

A. 安全监督责任人　　B. 防汛行政责任人

C. 防汛指挥总指挥人　　D. 工程项目责任人

18. 防洪安全评价的目的是评价_____是否满足现行规范规定和原设计审批要求，洪水下泄是否安全。（AC）

A. 大坝防洪标准　　B. 设计洪水标准

C. 大坝现状的防洪能力　　D. 实际泄流能力

19. 根据《水力发电企业防汛工作检查大纲》检查防汛管理工作，需检查_____。（AD）

A. 上级及有关部门的各种防汛文件、指示是否齐备

B. 是否备足防汛抢险物资和设备，并建立台账，专项保管

C. 设备备品备件准备充足，避免由于备件不足导致电量损失

D. 是否建立了汛期工作制度（值班制、交接班制、值班记录制等）

四、填空题

1. 防洪标准的选择一般根据工程等级以及防护对象的重要性，在当前使用的部颁标准中选择确定。

2. 防洪工作实行全面规划、统筹兼顾、预防为主、综合治理、局部利益服从全局利益的原则。

3. 为避免给下游造成人为灾害，在汛期防洪时原则上水库下泄流量应不超过本次洪水的入库洪峰流量。

4. 洪水预报调度方式有预泄调度、补偿和错峰调度、实时预报调度。

5. 防洪限制水位是指汛期洪水来临时水库允许蓄水的上限水位，它一般低于或等于正常蓄水位。

6. 描述洪水特征的三要素通常是指 洪峰流量、洪水总量和洪水总历时。

7. 图 2－1 所示为一次实测洪水过程，*ac* 为分割线，*ad* 为水平线，下列各面积的含义是：*abca* 代表地面径流量；*acdefa* 代表地下径流量；*abcdefa* 代表场次洪水总量。

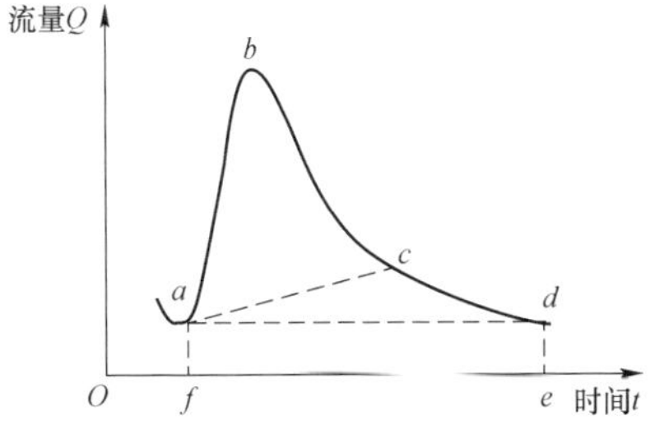

图 2－1　一次实测洪水过程

8. 编制水库防洪调度规则时，必须从常规洪水至校核洪水有序地、彼此衔接逐级进行，每次进行较大洪水的调度时，结合判断条件，应从小到大逐级加大控制泄量。

9. 同一防洪系统的水库群应根据设计规定的洪水补偿调节方式，制定联合洪水调度运用方案，实行水库群的统一调度。

10. 汛期发生影响正常泄洪的情况时，电力企业应当及时处置并且报告大坝中心。

11. 水库在汛期允许兴利蓄水的上限水位称为防洪限制水位。正常蓄水位与防洪限制水位的水库容积，称为防洪兴利的结合库容。

12. 防洪高水位与防洪限制水位之间的库容称为防洪库容；校核洪水位与防洪限制水位之间的库容称为调洪库容；设计洪水位与防洪限制水位之间的库容称为拦洪库容。

13. 河道管理机构和其他防洪工程管理单位可以结合平时的管理任务，组织本单位的防汛抢险队伍，作为紧急抢险的骨干力量。

14. 在汛期，河道、水库、水电站、闸坝等水工程管理单位必须按照规定对水工程进行巡查，发现险情，必须立即采取抢护措施，并及时向防汛指挥部和上级主管部门报告。

15. 其他任何单位和个人发现水工程设施出现险情，应当立即向防汛指挥部和水工程管理单位报告。

16. 水电站水库都以确保其自身工程防洪安全为首要任务，在很多情况下兼有对上下游防洪保护对象的防洪任务。

17. 对于每场洪水调度，必须关心三个指标：水库最高水位、最大下泄流量、调洪期末的水库控制水位。

18. 在洪水调度过程中，为确保安全，要尽可能缩短高水位历时，使库水位降落到汛限水位，以防后续可能到来的大洪水。

19. 防洪调度图是指导水库防洪调度的重要工具，也是水电站水库调度图的重要组成部分，它划定了水库的调洪范围，由防洪调度线、防洪限制水位、各种标准洪水的最高洪水位，以及由这些指示线划分的各级调洪区所构成。

20. 根据《中华人民共和国防洪法》第二十九条中规定，防洪区是指洪水泛滥可能淹及的地区，分为洪泛区、蓄滞洪区和防洪保护区。

21. 根据《中华人民共和国防洪法》第四十条中规定，有防汛抗洪任务的县级以上地方人民政府根据流域综合规划、防洪工程实际状况和国家规定的防洪标准，制定防御洪水方案（包括对特大洪水的处置措施）。

22. 水情测报应满足度汛要求；防汛物资、器材、机具、电力供应等充足可靠，交通、通信保持畅通；应开展汛前、汛中、汛后检查及整改工作，汛期防汛值班制度应严格执行，汛后防汛总结应及时全面。

23. 水库调度管理单位应开展洪水预报工作，使用的预报方案应符合预报规范要求，并经上级主管部门审定。

24. 防汛工作主要包括年度水库调度运用计划、防洪度汛方案、计划措施等应按照国家相关防汛管理办法报批或报备。

25. 应急预案类型从功能和目标上分为综合（总体）预案、

专项预案、现场预案、应急救援方案四种类型。

26. 水库洪水调度的任务：根据设计确定的枢纽工程设计洪水、校核洪水和下游防护对象的防洪标准，按照设计的调度原则，在保证枢纽工程安全的前提下，拦蓄江水和按规定控制下泄流量，尽量减轻或避免下游洪水灾害。

五、简答题

1. 水库洪水调度的任务是什么？

答：根据设计确定的枢纽工程设计洪水、校核洪水和下游防护对象的防洪标准，按照设计的调洪原则，在保证枢纽工程安全的前提下，拦蓄洪水和按规定控制下泄流量，尽量减轻或避免下游洪水灾害。

2. 水库调度管理单位应制定超过校核洪水的应急调度方案并报上级主管部门审批，应急调度方案应包括哪些？

答：（1）模拟超过校核洪水过程。

（2）超过校核洪水的调度原则和调度方式。

（3）拟定下泄流量。

（4）配合枢纽工程应急防洪抢险的措施。

（5）配合生活区应急防洪抢险的措施。

3. 水库泄洪必须遵守什么原则？

答：水库泄洪必须按照天然流势或者防洪、排涝工程的设计标准或者经批准的运行方案下泄洪水、涝水，下游地区不得设障阻水或者缩小河道的过水能力，上游地区不得擅自增大下泄流量。

4. 为什么将洪峰预报准确率列为主要考核指标？如何考核？

答：洪峰预报准确与否对洪水调度关系很大，故列为主要考核指标。

由于各流域大小不同，洪水大小差别大，故用相对误差考核较为合适。这项考核以该场洪水主要降雨时段结束时的预报结果为准。

5. 汛期水库的防汛调度必须服从什么原则？

答：在汛期，水库、闸坝和其他水工工程设施的运用，必须服从有关的防汛指挥机构的调度指挥和监督。在汛期，水库不得擅自在汛期限制水位以上蓄水；其汛期限制水位以上的防洪库容的运用，必须服从防汛指挥机构的调度指挥和监督。在凌汛期，有防凌任务的江河的上游水库的下泄水量必须征得有关的防汛指挥机构的同意，并接受其监督。

6. 洪水调度方案包括哪些内容？

答：洪水调度方案是进行水库洪水调度的具体依据。方案应适应各种可能出现的洪水情况，使得在任何情况下水库应如何调度均有所遵循。洪水调度方案内容包括：

（1）水库设计洪水标准和下游防洪对象防洪标准。

（2）汛期分期防洪限制水位。

（3）校核洪水位、设计洪水位、防洪高水位等特征水位。

（4）水库调洪规则，将调洪方式、水库泄洪判别条件、调度指标等以条文的方式，用明确的语言规定下来。

7. 水库洪水调度工作总结的主要内容包括哪些?

答: 为了考评水库运用调度效果和不断提高调度水平，应制定水库洪水调度工作总结制度。总结工作一般在汛后或年末进行，总结内容如下:

（1）水库洪水调度工作总的概况和评价，水库洪水调度基本情况和特点、取得成绩、存在问题、今后吸取的教训等。

（2）水文气象预报情况、预报成果、预报误差评定及水情工作情况。

（3）本年度在处理防洪和兴利之间的矛盾情况。

（4）水库洪水调度主要经验、教训、体会及对今后水库洪水调度的改进意见。

8. 水库管理单位要建立值班制度，汛期值班人员应做到哪些工作?

答:（1）收集水文气象情报，进行洪水预报作业，提出调度意见。

（2）注意水库安全以及上、下游防洪抢险情况，当发生异常情况时，要及时向防汛负责人和有关领导汇报。

（3）库泄洪、排沙或改变运用方式以及工程发生异常情况危及大坝和下游群众生命财产安全等情况时，要把情况和上级主管领导的决定，及时向有关单位联系传达。

（4）值班调度记录，严格履行交接班手续。对重要的调度命令和上级指示要进行录音或文字传真。

（5）遵守防汛纪律，服从上级主管部门调度指挥；平时，水库管理单位要配备专职调度人员，负责处理日常的兴利调度事宜。

9. 水库防洪调度的原则是什么？

答：（1）在保证大坝安全的前提下，按下游防洪需要对洪水进行调蓄。

（2）水库与下游河道堤防和分、滞洪区防洪体系联合运用，充分发挥水库的调洪作用。

（3）防洪调度方式的判别条件要简明易行，在实时调度中对各种可能影响泄洪的因素要有足够的估计。

（4）汛期限制水位以上的防洪库容调度运用，应按各级防汛指挥部门的调度权限实行分级调度。

10. 水库的调洪作用是什么？

答：就是利用防洪库容，把一部分洪水拦蓄起来，然后通过泄洪建筑物有控制地排泄下去，使放出来的流量过程，比入库过程在时间上有所拖长，其洪峰流量也有所减小。

11. 如何计算确定防洪限制水位？

答：根据技术设计阶段选定的设计和校核洪水位及相应的洪水过程，按照制定的防洪运用方式，分别以设计洪水位、校核洪水位为起始水位，由入库流量等于最大下泄流量的时刻开始，逆时序进行调洪演算得到的最低水库水位即为防洪限制水位。

12. 水库分期防洪调度有什么作用？

答：水库分期防洪调度是使防洪、兴利库容结合起来的有效措施，它是根据汛期中不同时期、同一标准洪水的不同特性，分别确定防洪库容或防洪限制水位，分期蓄水，逐步抬高防洪限制水位的一种调度方法，这种方法使水库的部分库容既有利于防洪，又有利于发电，既解决防洪兴利的矛盾，又最大限度地提高水库的综合效益。

13. 水库分期洪水调度的原则是什么？

答：当水库洪水的峰、量在汛期具有分期变化规律、分期界线明显时，可根据汛期各时期设计洪水的大小及防洪要求，在保证水库工程防洪安全和满足下游防洪需求的前提下，拟定分期洪水调度方式，以提高工程兴利效益。

针对各分期洪水的具体情况，可分别选择合适的防洪调度方式，根据满足防洪要求的防洪调度结果，拟定各分期的防洪库容、相应的运用时间及防洪限制水位。

14. 水库防洪任务一般有哪三项？

答：水库防洪任务主要有上游、下游和大坝三项。在进行防洪调度时，首先要确保大坝自身的安全；然后在确保水库工程安全的前提下，最大限度地发挥水库对上下游的防洪作用；最后在满足前一条的条件下，正确处理防洪与兴利的关系，尽量使防洪库容结合兴利，力求少留调洪库容，且通过预报调度重复利用，提高水库综合效益。

15. 水库实时防洪调度有何特点？与水库防洪优化调度有何区别？

答：优化调度就是使防洪效益最大，需要研究最优准则及其优化数学模型，而防洪最优准则是指用于衡量水库防洪调度方案优劣程度的指标。有最大削峰准则（水库水位控制模式）、最大防洪安全保证准则（下泄流量控制模式）、最短成灾历时准则或分洪量最小准则等。

实时调度是指在实际洪水调度过程中，根据实时信息在面临时段及时作出洪水调度决策的措施和方法。它有明确的时效性要求，是实时信息、降雨与洪水预报、洪水调度、决策执行的一个过程。与设计阶段研究制定的防洪调度方案有一定联系，但有很大差异，且具有更大的难度。

16. 如何选择典型洪水？

答：（1）选择峰高、量大的实测洪水过程线。

（2）选择具有一定代表性的洪水，即它的发生季节、地区组成、峰型特征、峰量关系等能代表本流域的大洪水特性。

（3）选择对工程安全较为不利的洪水。

（4）选择与下游遭遇后不利于下游防洪安全的洪水。

17. 防汛工作的监督管理，应参照《水力发电企业防汛工作手册》（中国华电安制〔2018〕468号），按规定开展汛前、汛中和汛后检查。主要检查对象有哪些？

答：主要检查对象有水工建筑物（包括安全监测系统），水工机电设备（含备用电源），排水系统，水情自动测报系统，通信系统，交通、库区及下游河道，有关防汛措施制定、落实、执行等。

18. 防汛总结的主要内容有哪些？

答：防汛总结的主要内容包括防汛工作准备情况、汛期工作重点、汛期水情情况、洪水调度情况、预案演练和应急处置、水情测报系统运行情况、汛后检查、主要工作成效及存在问题、次年防汛工作安排等。

19. 水库调度管理单位如何制定年度洪水调度计划？审批程序是什么？

答：水库调度管理单位应根据设计的防洪标准和水库洪水调度原则，结合枢纽工程实际情况，制定年度洪水调度计划。

承担下游防洪任务的水库，经上级主管部门审查，由上级主管部门报有管辖权的防汛领导部门批准；不承担下游防洪任务的水库，报上级主管部门审查批准，并报有关地方人民政府及流域机构备案。

第三章

水 库 调 度

一、判断题

1. 水库的死水位越低，兴利库容越大，则调节流量越大，年发电量就越大。（×）

2. 保证出力大、发电量多的水电站，一定在日负荷图的峰荷区工作。（×）

3. 水库在供水期初多放水和蓄水期初多蓄水，对水库的后期运用影响很小。（×）

4. 根据不同河流水文条件的差异而进行的补偿调节称为径流补偿。（√）

5. 提前蓄水是指在水库年度洪水调度方案规定的汛末蓄水时间之前就开始蓄水。（√）

6. 多年调节水库在蓄水正常情况下，年供水期末库水位应控制在年消落水位。（×）

7. 多年调节水库任何情况下可以动用多年调节库容。（×）

8. 水库调度结合预报进行，称为水库预报调度。（√）

9. 合理编制水库运行调度计划是做好水库运行调度的重要环节。（√）

10. 按水库调度图运行是最优的运行方式。（×）

11. 水库调度的任务就是按照规划设计的意图保证建筑物的安全。（×）

12. 水电站的经济效益通常是用保证出力、发电耗水率两个指标来衡量的。（×）

13. 水库的年调节是将一年中丰水季节多余水量蓄存起来，提高枯水季节的用水量，其调节周期为一年。（√）

14. 在调度运用中可采用长期水量预报和调度图相结合的方法来掌握水库运行。（√）

15. 水库的相对库容越大，其调节的周期就越长，调节和利用径流的程度也越高。（√）

16. 水库调度图中基本线是判断水电站能正常工作与否的警戒线。（√）

17. 径流式电站没有调节能力，只能根据日来水情况运行。（√）

18. 水情自动测报系统、水调自动化系统设备稳定数据库无需进行备份。（×）

19. 水库的设计参数及指标是指导水库运行调度的依据，经业主单位董事会评估后可以改变。（×）

20. 水库调度过程中，因发电需要，运行水位可以降至死水位运行。（×）

二、单选题

1. 在汛期，以发电为主的水库，其______以上的防洪库容及其洪水调度运用，必须服从防汛指挥机构的统一指挥。（A）

A. 汛限水位　　　　B. 死水位

C. 正常蓄水位　　　　D. 校核水位

2. 水库的_____及指标是指导水库运行调度的依据，未经批准不得任意改变。（A）

A. 设计参数　　　　B. 运行原则

C. 调度方案　　　　D. 基础资料

3. 水库调度和发电运行应当以_____为前提，严格遵循批准的汛期调度运用计划和水库运用与电站运行调度规程。（A）

A. 确保大坝运行安全　　　　B. 追求最大发电量

C. 追求收益最大化　　　　D. 确保安全生产

4. 水库防洪库容是_____至_____之间的水库容积，用以控制洪水，满足下游防护对象的防洪标准要求。（B）

A. 正常蓄水位，死水位

B. 防洪高水位，防洪限制水位

C. 校核洪水位，死水位

D. 设计洪水位，防洪限制水位

三、多选题

1. 多泥沙河流上的水库，应根据本水库的具体情况和泥沙运动规律，研究采用适宜的排沙方式，如_____等，需实行调水调沙相结合的调度方式。（ACD）

A. “异重流”排沙　　　　B. 高速水流排沙

C. 蓄清排浑　　　　D. 泄空集中拉沙

2. 兴利调度的原则是_____。（ABCD）

A. 在制订计划时，要首先满足城乡居民生活用水，既要保重点任务又要尽可能兼顾其他方面的要求，最大限度地综合利用水资源

B. 库内引水，要纳入水库水量的统一分配和统一调度

C. 要在计划用水、节约用水的基础上核定各用水部门供水量，贯彻“一水多用”的原则，提高水的重复利用率

D. 兴利调度方式，要根据水库调节性能和兴利各部门用水特点拟定

3. 有调节能力的水库，应根据设计确定的开发目标、参数及指标，绘制水库调度图。水库调度图应包括保证供水（出力）区、加大供水（出力）区、降低供水（出力）区等，并标明各区水量（出力）值及汛期限制水位线。缺少水库调度图的已建水库，水库调度管理单位应会同设计单位绘制，按设计程序报批。在实际运用中，应注意的内容有_____。（ABC）

A. 根据库水位在水库调度图上的位置确定水库运用方式，不得超计划及超规定用水

B. 多年调节水库在蓄水正常情况下，年供水期末库水位应控制不低于年消落水位。只有遭遇大于设计保证率的枯水年时，才允许动用多年调节库容；在遭遇大于设计保证率的枯水段时，才允许降至死水位

C. 水电站水库调度运行中，除特殊情况外，最低运行水位不得低于死水位。当遭遇枯水而库水位又在限制供水（出力）区时，应调整用水计划，经上级批准后核减

D. 调节能力差的水库，应充分利用短期水文气象预报，在允许范围内采取提前加大供水和拦蓄洪尾的措施，以提高兴利效益

4. 水库的兴利调度包括_____。（ABC）

A. 发电调度　　　　B. 灌溉调度

C. 供水调度　　　　D. 洪水调度

5. 水情自动测报系统的工作制式通常有_____。（ABD）

A. 自报方式　　　　　　B. 应答方式

C. 超短波方式　　　　　D. 自报应答兼容方式

6. 水文预报的评定分为方案的评定及作业预报的评定两方面，预报方案为甲等的要求_____；作业预报为优的检验标准为_____。（BC）

A. 合格率大于或等于 90%

B. 合格率大于或等于 85%

C. 预报误差/许可误差小于 0.25

D. 预报误差/许可误差小于 0.20

7. 水电厂经济运行的概念包含_____。（ABD）

A. 满足水库调度、电能生产的安全、可靠、优质

B. 优化水库调度方式、提高机组经济运行水平和降低设备设施能耗

C. 减少弃水和设备故障，增加耗水率，提高利用小时数

D. 尽可能大地获得经济效益

四、填空题

1. 水库调度的基本原则按设计确定的<u>任务</u>、<u>参数</u>、<u>指标</u>及有关运用原则在保证枢纽工程安全的前提下充分发挥水库的综合利用效益。

2. 有调节能力的水库，应采用<u>水库调度图</u>与<u>水文预报</u>相结合的方法进行调度。

3. 水分从土壤<u>表面</u>渗入土壤中的水流过程称<u>下渗</u>。

4. 径流式水电站属<u>无调节</u>水电站，水来多少就只能用多少，因此，径流式水电站只能承担<u>基荷</u>部分。

5. 据水文资料分析可知，河川径流通常有周期性、随机性及地区性三个基本特性。

6. 水库在正常工作条件下，允许消落的最低水位称为死水位。死库容不起调节作用。

7. 水文自动测报系统，大体上由情报、预报两部分组成。

8. 在汇流计算时，当有实测降雨径流资料时常采用单位线法，缺少这种资料时常采用等流时线法。

9. 水文预报按其预见期的长短，可分为短期水文预报与中长期水文预报。

10. 水库调度和发电运行应当以确保大坝运行安全为前提，严格遵循批准的汛期调度运用计划和水库运用与电站运行调度规程。

11. 水能利用提高率 = 增发电量/应发电量 × 100%。

12. 水量利用率 = 发电用水量/水库总出水量 × 100%。

13. 水库调洪方式概括起来可分为水库对下游无防洪任务的自由敞泄方式和对下游有防洪任务的控制泄流方式。

14. 洪水调度方案、水库调度规程应按 GB 17621《大中型水电站水库调度规范》和设计文件执行。水库调度通信应有两种以上的独立通信方式。

15. 水库建成投入运用后，因水文条件、工程情况及综合利用任务等发生变化，水库不能按设计规定运用时，应及时对水库运用参数及指标进行复核。

16. 水文测站按主要观测项目分类有水位站、流量站（水文站）、雨量站、蒸发站。

17. 水库调度管理单位应根据设计的防洪标准和水库洪水调度原则结合枢纽工程实际情况制定年度洪水调度计划。不承担下游防洪任务的水库，报上级主管部门审查批准，并报有关地方人民政府及流域机构备案。

五、简答题

1. 水库调度运用的主要参数及指标应包括哪些?

答:（1）水库正常蓄水位、设计洪水位、校核洪水位、汛期限制水位、死水位及上述水位相应的水库库容，水电站装机容量、发电量、保证出力及相应保证率，控制泄量等。

（2）有防洪任务的水库还应包括防洪高水位和防洪库容、下游防洪标准和安全泄量、汛期预留防洪库容的分期起讫时间等。

（3）兼有灌溉、给水任务的水库还应包括设计规定的灌溉、给水的水量、水位要求，以及相应的保证率和配水过程。

（4）有航运、漂木任务的水库还应包括设计规定的各类过坝运量和过坝方式，满足下游河道水深要求的相应流量等。

这些参数及指标是进行水库调度的依据，应根据设计报告和有关协议文件在年度调度运用计划方案中予以阐明。

2. 水库调度管理单位应编制水库调度规程并不断修改完善，其主要内容包括哪些?

答:（1）设计规定的基本任务综合利用要求调度运用原则及有关调度协议。

（2）水库设计运用参数和指标。

（3）水文气象情报预报。

（4）洪水调度。

（5）发电及其他兴利调度。

（6）有关水库调度命令泄水设施使用的规定。

（7）水库调度工作规章制度。

3. 水库调度的基本任务是什么？

答：（1）确保水库大坝安全，并承担水库上、下游的防洪任务。

（2）保证满足电力系统的正常用电和其他有关部门的正常用水要求。

（3）在保证各用水部门正常的基础上力争尽可能充分利用河流水能多发电，使电力系统供电更经济。

4. 编制兴利调度计划，应包括哪些内容？

答：（1）当年（期、月）来水的预测。

（2）协调有关各部门对水库供水的要求。

（3）拟定各时段的水库控制运用指标。

（4）根据上述条件，制订年（期、月）的具体供水计划。

5. 对于不同调节类型（指无调节、日调节、年调节、多年调节）水库，按照兴利需求，要求水库何时应该蓄到正常蓄水位？

答：（1）多年调节水库：在连续丰水年后才能蓄到正常蓄水位。

（2）年调节水库：在每年供水期前蓄到正常蓄水位。

（3）日调节水库：每天在水电站调节峰荷以前蓄到正常蓄水位。

（4）无调节水电站：任何时候在正常蓄水位。

6. 单位线的定义是什么？单位线是基于哪几个假设？

答：定义：流域上单位时段内均匀单位净雨在流域出口断面所形成的地面径流过程线。

基本假设：（1）线性倍比：同一流域上，如两次净雨深不同，则它们在流域出口形成的地面径流过程线的历时相等且相应流量成比例，其比值等于相应的净雨深之比。

（2）线性叠加：如净雨历时不是一个时段而是多个时段，则各个时段净雨在流域出口形成的径流过程互不干扰，出口断面的流量过程等于各时段净雨所形成的流量过程相叠加。

7. 水电站水库群联合调度的效益有哪些?

答：（1）发电效益：提高整个电力系统运行的可靠性与经济性。

（2）防洪效益：在防洪期的联合调度，可使整个流域的洪灾损失达到最小。

（3）生态效益：合理调度，可使生态破坏减小。

（4）提高水资源利用率。

（5）联合调度还可以共同缓解旱情等。

8. 梯级电站优化调度，主要需要考虑哪些约束条件?

答：（1）负荷约束：任意时刻，梯级电站总负荷需要满足电力系统要求。

（2）水量平衡约束：各级电站出入库需要满足水量平衡约束。

（3）水库水位控制约束：各级电站水库水位应在死水位与正常蓄水位之间。

（4）出力约束：各级电站出力应在最小出力与最大出力之间运行。

9. 水文遥测站点的功能主要有哪些?

答：（1）定时自报：按预先设置的定时间隔，自动采集传输当前的水位、雨量数据至中心站，发送信息同时包括测站站号、时间、电池电压、报文类型等参数。

（2）增量自报：当水位或雨量变化超过预先设定值时，自动向中心站报送当前数据。

（3）召测查询：应能响应中心站的查询命令，并按接收到的指令报送实时数据至中心站。

（4）主备信道自动切换：当主信道发送失败时，自动切换到备用信道发送。

（5）现场固态存储：采集的水位、雨量应现场带时标按水文资料整编规范要求存储，存储量不低于1年的数据，同时提供现场或远程查询、下载。

（6）现场或远地编程：能在现场或远地对遥测终端设备进行各项参数设置或读取等编程操作。

（7）自动对时：能定期自动校准时间。

（8）自维护功能：应具有定时工况报告、低电压报警、掉电保护以及自动复位等自维护功能。

10. 试列举洪水调度的原则。

答：（1）大坝安全第一。

（2）按设计确定的参数，或上级有关文件规定进行洪水调度。

（3）遇下游堤防和分、滞洪区出现紧急情况时，在水情预报及枢纽工程可靠条件下，应充分发挥水库调洪作用。

（4）遇超标准洪水，采取保证大坝安全非常措施时应尽量考虑下游损失。

第四章

安 全 监 测

一、判断题

1. 挠度观测是指坝体垂直面内各不同高程点对于底部基点的水平位移。（√）

2. 由于倒垂线随坝体变形而移动，故埋设在引张线端点作为基准，以观测端点位置的变化。（×）

3. 游河床的冲淤情况不属于混凝土坝巡视检查的主要内容。（×）

4. 活动觇标是置于工作基点上供经纬仪照准的。（×）

5. 前方交会法实施监测要求两测站点位置在观测周期中保持不变。（√）

6. 正倒垂线都可以用于大坝挠度监测。（√）

7. 引张线要求两个端点稳定，否则要对两个端点进行监测。（√）

8. 变形监测与一般的工程控制网相比，具有较高的精度和灵敏度。（√）

9. 方位角测量是确定地面任一方向与真北方向间夹角的测量。（√）

10. 液体静力水准测量不能用于高程测量。（×）

11. 控制网分为平面控制网和高程控制网。（√）

12. 大坝气温观测气温测值取日平均值，取每日2时、8时、14时、20时观测值的平均值时间误差不超过5min。（×）

13. GPS（全球定位系统）测站四周视野开阔，高度角15°以上不允许存在成片的障碍物。（√）

14. 采用RTK方式开展水下地形测量必须开展作业前后的定位检查和测深仪测深检查。（√）

15. 当渗流量为1～30L/s时，宜选用矩形薄壁堰或梯形薄壁堰。（×）

16. 量水堰人工读数时，视线应与刻度保持正视，读数至0.1mm。（√）

17. 水准测量理论上往返测所得高差的绝对值应相等，但符号相反；或者是往返测高差的代数和应等于零。（√）

18. 水准高程测量的误差分配的原则是把闭合差以相反的符号根据各测段路线的长度或测站数按比例分配到各测段的高差上。（√）

19. 视准轴与水准管轴不平行引起的误差，可通过限定前后视距差和累计视距差来减小其对测量精度的影响。（√）

20. 真空激光准直系统在测量时真空度应保持在66Pa以内。（√）

21. 水准测量中，当后尺读数小于前尺读数时，说明后视点低于前视点。（×）

22. 水电站大坝安全监测对象包括横跨河床和水库周围垭口的所有永久挡水建筑物、泄洪建筑物、输水和过船建筑物的挡水结构，但不包括近坝库岸、边坡和附属设施。（×）

23. 对于高坝大库或结构特别复杂且安全风险高的混凝土坝宜建立大坝安全在线监控系统，发现异常现象应及时分析、反馈预警。（√）

24. 大坝安全监测自动化系统应包括监测仪器设备、数据采集装置、计算机及外部设备、网络通信设备、电源及防护设备、采集软件与安全监测管理软件等。（√）

25. 大坝变形观测原始数据必须在建筑物蓄水前取得。（√）

26. 报汛、通信设施维护及调试工作内容包括对水情自动测报系统、水库调度自动化系统、大坝安全监测系统、水文气象观测设施设备、报汛电台、卫星电话等通信设施全面检查、维护，确保正常可靠运行。（√）

27. 大坝垂直位移观测，水准基点一般设置在坝上游或下游 1～3km 处。（×）

28. 土坝浸润线观测在一个断面上的测压管不应少于 3 根。（√）

29. 观测基准值的确定是观测的重要环节之一。（√）

30. 裂缝观测一般规定，闭合为正，张开为负。（×）

31. 应力观测一般规定，拉应力为正，压应力为负。（√）

32. 差动电阻式仪器应使用耐酸、耐碱、防水性能好的屏蔽电缆。（×）

33. 大坝表面位移观测，通常使用视准线法。（√）

34. 倒垂孔的要求很高，孔必须铅直，孔壁光滑，孔径越大越好。（×）

35. 差动电阻式仪器的读数使用水工比例电桥和数字电桥。（√）

36. 自动化监测系统的硬件和软件要能兼容各类传感器的数据采集。（√）

37. 规范规定，土石坝在初次蓄水期对渗流量的观测次数为4～10次/月。（×）

38. 自动化监测系统功能包括数据采集和数据传输两部分。（×）

39. 已建坝监测设施不全或损坏、失效的，应根据经济状况予以补充。（×）

40. 渗流观测的量水堰，当渗流量大于70L/s时，应使用三角堰。（×）

41. 视准线法观测大坝水平位移，观测墩上应设置强制对中盘，底盘对中精度不应低于0.2mm。（√）

42. 用测边交会法观测水平位移，交会点上所夹的角不宜大于105°或小于30°。（×）

43. 在精密水准测量中，为提高观测的精度和速度，应尽量少设置固定测站和固定转点。（×）

44. 混凝土面板通常只观测面板平面内的应力应变，埋设的应变计通常按坝轴线方向和垂直于面板方向布置。（×）

45. 视准线观测墩顶部的强制对中盘应调整水平，倾斜度不得大于8°。（×）

46. 采用压力表观测测压管水头时，压力表量程要合适。精度不低于0.4级。（√）

47. 倒垂线的测线宜采用强度较高的钢丝，直径的选择应保证极限拉力大于浮子浮力的2倍。（×）

48. 视准线的工作基点应布置在受大坝影响很小的两岸牢固可靠的相对不动点上。（√）

49. 当渗流量大于 100L/s 时，宜采用测流速法。（×）

50. 工作基点的埋设高程一般与该条垂直位移路线上的测点高程相差过大。（×）

51. 在混凝土应力监测中，应变计（组）可以不与无应力计配套使用。（×）

52. 高边坡渗流监测时，可以不观测地下水。（×）

53. 较高混凝土坝坝体内部的水平位移可用正垂线法、倒垂线法或引张线法量测。（√）

54. 三角网法测水平位移是利用两个或三个已知坐标的点作为工作基点，通过对测点交会算出坐标变化，从而确定其位移值。（√）

55. 大坝安全监测项目、测次的调整应根据实际情况在运行单位领导的批准下随时进行。（×）

56. 大坝安全监测自动化系统实用化验收后，宜每一年对系统的部分或全部测点进行 1 次人工比测。（×）

57. 监测资料综合分析是在初步分析的基础上，采用各种定性、定量的综合性分析。（√）

58. 监测系统设计应当由大坝主体工程设计单位承担。应编制监测设计专题报告。监测系统竣工验收时，应编制监测系统运行说明书，内容包括监测设计说明、监测项目竣工图、重要监测项目及其测点信息表；监测方法、频次和期限，巡视检查要求；监测仪器设备使用注意事项、维护要求；监测资料整编分析要求等。（√）

59. 随着光电技术的不断发展，目前大坝安全监测使用的全站仪测距精度一般不低于（$2+2D\times10^{-6}$）mm（D 为测量距离，mm）。（×）

60. 监测资料整理及整编全部成果在编印前可不进行校核。（×）

61. 工程有非常完善的监测仪器设施，且监测系统运行良好，现场巡视检查工作就可以不进行。（×）

62. 在斜坡上架设监测仪器时，应将三脚架的两脚置于斜坡上方。（×）

63. 采用机械式和光学式坐标仪进行人工观测时，需要观测人员到测点部位逐点进行操作，观测精度较高。（×）

64. 正垂线所测得的是相对于悬挂点的相对位移，倒垂线所测得的是相对于锚固点的绝对位移。（√）

65. 扬压力观测孔在建基面以下的深度不宜大于 1m。（√）

66. 差动电阻式仪器埋设后，电阻和电阻比的变化趋势是相同的。（×）

67. 水准仪的分划值越小，说明其灵敏度越高。（√）

68. 在运行期，混凝土坝位移的监测频次是一月两次。（×）

69. 无应力计应埋设在锥形双层套筒的内桶混凝土中，使应变计不受筒外大体积混凝土荷载变形的影响。（√）

70. 为节省经费，扬水压力孔和排水孔应互相代用。（×）

71. 无应力计是应变计和无应力筒组成的。（√）

72. 专用差阻式仪器四芯观测电缆要求每股芯线 100m 长的电阻值小于或等于 1.5Ω。（√）

73. 钻孔多点位移计安装埋设方向可随意。（√）

74. 监测混凝土坝内部的水平位移，可用引张线。（√）

75. 钢弦频率与钢弦长度成反比。（×）

76. 在采用自动化监测系统时，必须进行技术经济论证。（√）

77. 测斜仪是观测钻孔岩体横向位移的仪器。（√）

78. 压应力计埋设时受压面应与压力方向一致。（×）

79. 用精密水准法观测大坝倾斜，两点间距离在基础附近不宜小于 20m，在坝顶不宜小于 6m。（√）

80. 水管式沉降仪测头和钢丝水平位移计测头可以合并组装为同一测点埋设，也可以分开各自埋设。（√）

81. 差动电阻式仪器与钢丝式仪器内部都有钢丝，都是测物理量的变化，所以说他们是属同类仪器。（×）

82. 观测混凝土大坝水平施工缝上的渗透压力，宜采用孔隙压力计。（√）

83. 水准尺与标杆使用及存放时均应注意防水、防潮和防变形，尺面刻划与漆皮应精心保护，以保持其鲜明、清晰。（√）

84. 渗流量观测的同时应注意观察渗水是否透明清澈及有无析出物等情况。（√）

85. 现场检查或观察就是用直觉方法或简单的工具，从建筑物外观显示出来的不正常现象中分析判断建筑物内部可能发生的问题，是一种直接维护建筑物安全运行的措施。（√）

86. 土石坝每次巡查都应按照规定的内容、要求、方法、路线、时间进行，每项工作都要安排专人分管，要明确各自的任务和职责。（√）

87. 日常监测应按照规定的时间、频次、技术要求进行，并根据工程特点和实际运行情况，进行加密监测和调整。（√）

88. 大坝日常巡视检查的次数应根据各工程具体情况确

定：在施工期，每周不少于一次；正常运行期，每季度不少于一次（土石坝宜每月 1 次）；汛期应增加巡视检查次数。（×）

89. 大坝建成蓄水后，库水渗流绕过两岸坝肩从下游岸坡流出，称为绕坝渗流，一般通过沿着绕流线布设绕渗孔进行监测，当绕渗孔内水位低于孔口时，采用压力表量测。（×）

90. 大坝安全监测资料综合分析是在初步分析的基础上，结合工程结构特性、地质条件、施工质量和运行维护等情况，对监测资料采用各种定性、定量的综合性分析，对建筑物运行状态及性态作出评价，提示安全风险，指导安全施工和运行及反馈设计。（√）

91. 当监测系统在系统功能、性能指标、监测项目、设备精度及运行稳定性等方面不能满足大坝运行安全要求时，电力企业应当对其进行更新改造。（√）

92. 监测人员应具备必要的水工专业知识，了解大坝结构特点及其运行特性，熟悉监测设施的布置及监测仪器设备的基本功能，掌握监测资料整编和分析方法。（√）

93. 大坝安全监测工作现场观测中的“四无”是指无缺测、无漏测、无不符合精度要求、无违时；“五随”是指随观测、随记录、随计算、随校核、随整理。（√）

94. 大坝安全监测资料整理、整编和分析的及时性要求，每次仪器监测或巡视检查后应随即对原始记录加以检查和整理，并应及时作出初步分析，发现异常现象或确认有异常监测值时定期向主管部门进行汇报。（×）

二、单选题

1. 混凝土坝技术规范中，视准线观测限差，当用活动觇牌

法时，两测回观测之差应小于_____mm。（B）

A. 1.0　　B. 1.5

C. 2.0　　D. 3.0

2. 量水堰测渗漏量，所测堰上水头，两次读数差不得大于_____。（D）

A. 1.0cm　　B. 0.5cm

C. 2.0cm　　D. 1.0cm

3. 引张线的设备应包括端点装置、测点装置、_____及其保护管。（C）

A. 定位卡　　B. 滑轮

C. 测线　　D. 重锤

4. 监测系统的控制单元，对边坡而言，应控制滑动面、切割面、_____和边坡加固单元。（C）

A. 衬砌结构单元　　B. 基础岩体

C. 临空面　　D. 止水结构

5. 渗漏量的观测，容积法适用于渗漏量小于_____的情况，且容积充水时间不得小于_____。（A）

A. 1L/s，10s　　B. 2.5L/s，20s

C. 5L/s，30s　　D. 10L/s，60s

6. 混凝土大坝垂直位移观测，测量中误差限值为_____mm。（B）

A. ±0.5　　B. ±1.0

C. ±2.0　　D. ±3.0

7. 薄拱坝应加强对_____坝高处的地震反应观测。（C）

A. 1/3　　B. 1/2

C. 2/3　　D. 3/4

8. 重力坝的应力观测点，通常埋设_____应变计组。（D）

A. 两向　　B. 三向

C. 四向　　D. 五向

9. 引张线观测可采用读数显微镜，每一测次应观测两测回，两测回之差不得超过_____mm。（C）

A. 0.05　　B. 0.1

C. 0.15　　D. 0.3

10. 对观测仪器的选择要综合考虑，既要考虑可靠性、适用性，同时也应该考虑先进性和_____。（B）

A. 稳定性　　B. 经济性

C. 防潮性　　D. 抗震性

11. 混凝土重力坝和支墩坝的水平位移观测，测量中误差限值为_____mm。（B）

A. ±0.5　　B. ±1.0

C. ±1.5　　D. ±2.0

12. 使用静力水准法观测坝体和坝基的垂直位移，宜设在_____。（C）

A. 坝顶　　B. 大坝下游坡 2/3 高处

C. 水平廊道内　　D. 大坝下游坡 1/2 高处

13. 扬压力观测孔在建基面以下的深度，不宜大于_____m。（B）

A. 0.5　　B. 1.0

C. 2.0　　D. 3.0

14. 引张线的测线一般采用直径为 0.8～1.2mm 的不锈钢丝，钢丝直径的选择应使极限拉力为所受拉力的_____倍。（B）

A. 1.5　　B. 2

C. 2.5　　D. 3

15. 倒垂线的测线宜采用强度较高的不锈钢丝或不锈铟瓦钢丝，其直径的选择应保证极限拉力大于浮子浮力的_____倍。（D）

A. 1.5　　B. 2.0

C. 2.5　　D. 3.0

16. 差动电阻式仪器内部两条钢丝的电阻，若只是温度变化时，其电阻_____。（B）

A. 一条增大，一条减小　　B. 两条同时增大或减小

C. 一条不变，一条变化　　D. 都不变

17. 一支钢弦式传感器，其频率变化是由于传感器内钢弦的_____变化而引起的。（C）

A. 长度　　B. 密度

C. 应力　　D. 材料

18. 钻孔多点位移计是量测钻孔岩体_____的仪器。（B）

A. 横向位移　　B. 轴向位移

C. 切向位移　　D. 各方向位移

19. 在黏性土填方过程中埋设土压力计，正常施工的安全覆盖厚度一般不小于_____m。（D）

A. 0.5　　B. 0.8

C. 1.0　　D. 1.2

20. 当量测混凝土坝内某处的空间应力时，应埋设_____应变计组。（D）

A. 三向　　B. 四向

C. 五向　　D. 九向

21. 对小应变计、测缝计的防水检验，施加的水压力为_____MPa 检验结果，要求仪器绝缘电阻大于_____MΩ。（D）

A. 1.0，100　　B. 1.0，50

C. 0.5，100　　D. 0.5，200

22. 水工观测电缆使用温度为－25～60℃，承受的水压力为_____MPa时，绝缘电阻应大于或等于_____MΩ。（A）

A. 1.0，50　　B. 2.0，50

C. 2.0，100　　D. 2.0，200

23. 使用视准线法监测混凝土重力坝的水平位移，其长度不宜超过_____m。（A）

A. 300　　B. 500

C. 800　　D. 1000

24. 使用测角交会法观测高边坡水平位移时，工作基点到测点的距离，一般不宜大于_____m。（A）

A. 300　　B. 500

C. 700　　D. 1000

25. 钢弦式仪器的最大优点是_____。（C）

A. 结构简单　　B. 能遥测

C. 电缆电阻不影响测值　　D. 费用低廉

26. 差动电阻式仪器有两个输出量，一个是电阻比，另一个是_____。（C）

A. 电流　　B. 电压

C. 电阻　　D. 电功

27. 差动电阻式仪器的电阻值变化，反映被测点_____变化。（C）

A. 应力　　B. 位移

C. 温度　　D. 湿度

28. 振弦式仪器的输出信号是_____。（D）

A. 电阻　　B. 电流

C. 电压　　　　D. 频率

29. 采用五芯观测系统的仪器量测电阻比，当电缆加长后，变形和温度都不变，电阻比的测值也_____。（D）

A. 增加　　　　B. 减小

C. 增加或减小　　　　D. 不变

30. 在大坝垂直位移观测时，用三角高程测量方法，其推算高程的边长不应大于 600m，每条边的中误差不应大于_____mm。（C）

A. 0.5　　　　B. 1.0

C. 3.0　　　　D. 5.0

31. 埋设在混凝土坝坝基岩体中的单管式测压管，孔深离建基面应不大于_____m。（A）

A. 1　　　　B. 2

C. 3　　　　D. 5

32. 混凝土重力坝内应变计组与上、下游坝面应有一定距离，此距离不宜小于_____m。（C）

A. 0.5～0.8　　　　B. 0.8～1.2

C. 1.0～1.5　　　　D. 2.5～3

33. 量水堰应设在排水沟的直线段，堰身采用矩形断面，其长度大于堰上最大水头的 7 倍，且总长不得小于_____m。（D）

A. 5　　　　B. 4

C. 3　　　　D. 2

34. 在岩质边坡上埋设测斜管，埋设深度宜超过预计最深位移带_____m。（A）

A. 5　　　　B. 4

C. 3　　　　D. 2

35. 运行期,土石坝中埋设孔隙水压力计,宜采用_____法。(C)

A. 坑式埋设　　B. 非坑式埋设

C. 钻孔埋设　　D. 探洞埋设

36. 大气激光准直的波带板应_____于准直线。波带板中心应调整到准直线上，其偏离不得大于_____mm。(B)

A. 垂直，20　　B. 垂直，10

C. 平行，5　　D. 平行，2.5

37. 差动电阻式仪器受拉或受压产生变形时，仪器内部两条钢丝的电阻值总和_____。(C)

A. 增大　　B. 减小

C. 不变　　D. 变化很小

38. 压应力计埋设质量取决于仪器受压板与混凝土间是否_____。(D)

A. 靠近　　B. 脱开

C. 连接　　D. 紧密接触

39. 混凝土坝安全监测技术规范规定：观测仪器力学性能检验的各项误差中，重复性误差应小于或等于_____。(B)

A. 0.1%　　B. 0.5%

C. 1%　　D. 2%

40. 土坝中观测某平面应力的监测点，至少应埋设_____支土压力计。(B)

A. 2　　B. 3

C. 4　　D. 5

41. 用精密水准法观测混凝土坝体及坝基的垂直位移，基准点应成组设置，每组不得少于_____个水准标石。(C)

A. 5　　B. 4

C. 3　　D. 2

42. 心墙堆石坝最重要的监测工作是_____监测。(B)

A. 应力　　B. 渗流

C. 垂直位移　　D. 水平位移

43. 测混凝土坝坝体内温度场时，在坝面或孔口附近应_____布置温度计。(C)

A. 均匀　　B. 适当减少

C. 加密　　D. 任意

44. 钢弦式仪器灵敏度随钢弦的长度增加而_____。(B)

A. 增加　　B. 减少

C. 不变　　D. 增加或减少

45. 相关规范规定对差阻式应变计、钢筋计的检验结果，仪器最小读数与厂家给出的值比较，其误差绝对值不得大于_____。(D)

A. 1.0　　B. 2.0

C. 2.5　　D. 3.0

46. 钢弦式仪器，其钢丝的应力变化与频率_____。(C)

A. 成正比　　B. 成反比

C. 平方成正比　　D. 平方成反比

47. 差动电阻式仪器的电缆，每单芯 100m 长的电阻应_____。(B)

A. 小于或等于 1.0Ω　　B. 小于或等于 1.5Ω

C. 小于或等于 2.0Ω　　D. 大于 2.0Ω

48. 在平面上不知主应力方向时，至少应布置_____支应变计。(B)

A. 2　　B. 3

C. 4　　　　D. 5

49. 静力水准仪常用来测固定点的_____位移。（B）

A. 绝对垂直　　　　B. 相对垂直

C. 相对水平　　　　D. 绝对水平

50. 混凝土坝的倾斜观测，应采用一等水准、气泡倾斜仪、遥测倾斜仪和_____观测。（A）

A. 连通管　　　　B. 水管式沉降仪

C. 挠度计　　　　D. 真空激光准直仪

51. 多点位移计是用来量测_____的。（C）

A. 边坡侧向位移　　　　B. 大坝水平位移

C. 岩体内部位移　　　　D. 岩体位移

52. 钢筋计与被测钢筋焊接要求其直径_____。（C）

A. 小 2mm　　　　B. 大 2mm

C. 相同　　　　D. 可大可小

53. 差动电阻式仪器输出两个量，是_____。（D）

A. I，R　　　　B. I，U

C. U，R　　　　D. Z，R

54. 工程测量的 DS3 型微倾型普通水准仪，数字 3 代表每公里往返测量高差中数的偶然误差为_____。（D）

A. +3mm　　　　B. −3mm

C. ±3cm　　　　D. ±3mm

55. 以下方法中，_____在拱坝水平位移监测中应用更加广泛。（C）

A. 引张线法　　　　B. 激光准直法

C. 边角网法　　　　D. 视准线法

56. 在重力坝中，垂直于坝轴线的水平位移称为_____位

移。（D）

A. 径向水平　　B. 左右岸方向

C. 切向水平　　D. 上下游方向

57. 在拱坝中，平行于坝轴线的水平位移称为_____位移。（C）

A. 径向水平　　B. 左右岸方向

C. 切向水平　　D. 上下游方向

58. 处于地震基本烈度_____度及以上地区的Ⅰ、Ⅱ级大坝，经论证认为需要时，应进行坝体地震反应监测。（B）

A. Ⅵ　　B. Ⅶ

C. Ⅷ　　D. Ⅸ

59. 在采用水准仪进行水准测量时，已知 A 点高程为 H_A，在 A、B 两点间安置一架水准仪，分别读出水准尺上 A、B 点的读数 a、b，那么 B 点的高程为_____。（C）

A. $a-b$　　B. $b-a$

C. H_A+a-b　　D. H_A+b-a

60. DJ6 经纬仪的测量精度通常要_____DJ2 经纬仪的测量精度。（D）

A. 等于　　B. 高于

C. 接近于　　D. 低于

61. 电子经纬仪区别于光学经纬仪的主要特点是_____。（A）

A. 使用光栅度盘　　B. 使用金属度盘

C. 没有望远镜　　D. 没有水准器

62. _____包括土工、混凝土建筑物的水平及铅垂位移观测，它是判断水工建筑物正常工作的基本条件。（B）

A. 接缝观测　　B. 变形观测

C. 裂缝观测　　D. 应力应变观测

63. _____是在两岸稳固岸坡上便于观测处设置工作基点，在坝顶和坝坡上布置测点，利用工作基点间的视准线来测量坝体表面各测点的水平位移。（C）

A. 垂线法　　B. 引张线法

C. 视准线法　　D. 激光准直法

64. _____是在坝内不同高程的廊道内，通过设在坝体外两岸稳固岩体上的工作基点，将不锈钢丝拉紧，以其作为基准线来测量各点的水平位移。（B）

A. 垂线法　　B. 引张线法

C. 视准线法　　D. 激光准直法

65. 用垂线法观测水平位移时，一般大型工程不少于_____条。（B）

A. 2　　B. 3

C. 4　　D. 5

66. 采用容积法测渗流量时，适用于渗流量小于_____L/s的情况。（A）

A. 1　　B. 5

C. 10　　D. 100

67. 量水堰法适用于渗流量为1～_____L/s范围内的情况。（C）

A. 100　　B. 200

C. 300　　D. 500

68. 矩形堰堰门应严格保持水平，堰口宽度不小于_____m。（C）

A. 0.1　　B. 0.15

C. 0.25　　D. 0.5

69. 测量堰上水头应使用刻度至_____的水尺测量。（B）

A. 微米　　B. 毫米

C. 厘米　　D. 米

70. 渗压计根据传感器不同，可以分为_____、差阻式和压阻式等。（A）

A. 钢弦式　　B. 铁弦式

C. 琴弦式　　D. 钢管式

71. 经检查、检验后，若判定监测数据不在限差以内或含有粗差，应立即_____。（A）

A. 重测　　B. 计算

C. 分析　　D. 忽略

72. 若判定监测数据含有较大的系统误差时，应_____，并设法减少或消除其影响。（C）

A. 重测　　B. 计算

C. 分析　　D. 忽略

73. 变形监测包括坝体及坝基表面_____、内部水平及垂直位移、近坝库岸边坡变形、倾斜、接缝及裂缝变位等监测。（A）

A. 水平及垂直位移　　B. 降水量

C. 应力及应变　　D. 腐蚀

74. 投入运行三个月内，应每周巡视检查一次。运行稳定后，应至少每月检查_____次。在特殊情况下应适当增加巡视检查的次数，钢管停水应进行全面检查。（B）

A. 1　　B. 2

C. 3　　D. 4

75. 固定式测斜仪测量成果以_____方式表示。（B）

A. 倾斜　　B. 挠度

C. 坡比　　D. 角度

76. 当本次实测电阻值 R 与上次实测电阻值比较差值大于_____Ω时，应视为异常。（B）

A. ±0.1　　B. ±0.3

C. ±0.5　　D. ±1

77. 当本次电阻比 Z 与上次电阻比比较差值大于_____个电阻比时，应视为异常。（D）

A. 1　　B. 2

C. 3　　D. 5

78. 使用经纬仪进行照准操作时，正确的步骤是_____。（A）

A. 目镜调焦—粗瞄目标—物镜调焦—准确瞄准目标

B. 目镜调焦—物镜调焦—粗瞄目标—准确瞄准目标

C. 物镜调焦—粗瞄目标—目镜调焦—准确瞄准目标

D. 粗瞄目标—目镜调焦—物镜调焦—准确瞄准目标

79. 用容积法测量渗漏水量，观测时用秒表计时，测量某一时段引入容器的全部渗透水，测水时间应不少于_____s。（C）

A. 6　　B. 8

C. 10　　D. 12

80. 混凝土面板上块与块之间纵向缝的观测，重点观测位置是_____。（B）

A. 中部　　B. 靠两岸的面板上部

C. 靠河床　　D. 面板底部

81. 混凝土拱坝的应力观测，一般可选择拱冠的悬壁梁和拱座断面作为观测断面，对于特别重要的拱坝，还可以在拱弧径向的_____处取作观测断面。（C）

A. 1/2　　B. 1/3

C. 1/4　　D. 1/5

82. 在心墙堆石坝中，观测两坝肩心墙沿岸坡的剪切变形，宜选用_____。（D）

A. 应变计　　B. 测缝计

C. 基岩变形计　　D. 大量程位移计

83. 在平面上已知大小主应力方向时，最少应布置_____支应变计。（B）

A. 1　　B. 2

C. 3　　D. 4

84. 大坝垂直位移观测的水准基点必须设在_____。（D）

A. 基岩上　　B. 坝肩处

C. 方便施测的地方　　D. 影响区外的稳定基岩上

85. 用钻孔多点位移计设在钻孔内监测边坡位移时，应将锚头安装在_____。（C）

A. 坚硬的岩石段　　B. 软弱的岩石段

C. 各需要量测的岩石段　　D. 不能移动的岩石段

86. 钻孔多点位移计埋设方向_____。（D）

A. 必须垂直向下　　B. 垂直向上

C. 必须水平或稍有倾斜　　D. 任意方向均可

87. 电磁式沉降仪最佳的使用处是_____。（B）

A. 边坡位移观测　　B. 土坝沉降观测

C. 混凝土坝沉降观测　　D. 混凝土面板挠度观测

88. 钢弦式仪器的观测电缆长度_____。（C）

A. 不大于 200m　　B. 不大于 1000m

C. 可长达数千米　　D. 应通过计算确定

89. 渗压计用来测定孔隙水压力时，仪器常安装在_____。（C）

A. 岩石的透水层中　　B. 混凝土坝坝体内

C. 土坝的坝体内　　　　　　D. 坝基岩石中

90. 倒垂线的安装要求尽量减少倒垂孔倾斜度，保护管有效孔径必须大于_____mm。（D）

A. 20　　　　　　B. 30

C. 40　　　　　　D. 50

91. 观测值应准确可靠，但不可避免地会存在误差，误差又可分为_____误差、系统误差和偶然误差三类。（A）

A. 粗差　　　　　　B. 计算

C. 设计　　　　　　D. 结构

92. 针对水库水质大多比较浑浊的问题，可以选择的水下建筑物检查检测设备不包括_____。（B）

A. 水下浑水摄像系统　　　　　　B. 激光检测系统

C. 双频识别声呐　　　　　　D. 多波束探测系统

93. 应力、应变及温度监测主要包括应力、应变监测，钢筋、钢板应力监测、土压应力监测、_____等。（B）

A. 裂缝监测　　　　　　B. 温度监测

C. 渗流监测　　　　　　D. 变形监测

94. 运行阶段监督指标及标准中，泄洪等闸门启闭成功率为_____。（C）

A. 90%　　　　　　B. 95%

C. 100%　　　　　　D. 85%

95. 大型洞室施工中安装的锚杆应力计最基本的要求是_____。（A）

A. 抗振动，便于施工　　　　　　B. 灵敏度高

C. 抗腐蚀，不怕潮湿　　　　　　D. 受温度变化影响小

96. 观测误差分为粗差、系统误差和_____三种。（B）

A. 读数误差　　B. 偶然误差

C. 仪器误差　　D. 计算误差

97. 对于年度巡视检查和特殊情况下的巡视检查，在现场工作结束后_____必须交出详细报告。（C）

A. 一周内　　B. 半个月内

C. 一个月内　　D. 两个月内

98. 混凝土建筑物每次巡视检查均应做好详细的_____。（B）

A. 检查报告　　B. 现场记录

C. 检查日志　　D. 分析通报

99. 下列属于 GNSS（全球导航卫星系统）的施测特点的是_____。（D）

A. 成果质量评价缺失

B. 数据传输处于外网

C. 有的厂家计算软件需要 GPS 数据才能加入北斗数据计算

D. 大多用于边坡监测

100. 下列不属于重力坝运行期安全监测重点项目的是_____。（B）

A. 坝基扬压力　　B. 坝体温度

C. 绕坝渗流　　D. 坝体变形

101. 下列关于大坝安全监测自动化系统可靠性、稳定性及其测量精度满足实用化性能要求的指标错误的是_____。（D）

A. 有效数据缺失率不大于 3%

B. 采集装置年平均无故障工作时间不小于 6300h

C. 采集装置平均维修时间不大于 2h

D. 系统稳定性比测指标应不超过 3 倍的差值均方差

102. 下列关于水利工程测量工作中偶然误差的说法错误的是_____。（D）

A. 在一定的观测条件下，偶然误差的绝对值不会超过一定的限值

B. 绝对值较小的误差比绝对值大的误差出现的机会多

C. 绝对值相等的正误差和负误差出现的机会几乎相等

D. 当观测次数无限增加时，基本可以消除偶然误差

103. 下列关于精密水准观测中应遵守的事项，说法错误的是_____。（B）

A. 观测前约 30min，应将仪器置于露天阴影下，使仪器与外界气温趋于一致

B. 每一测段的往测与返测，其测站数均应为奇数

C. 同一测站上观测时，不得两次调焦

D. 在高差很大的地区，应选用长度稳定、偏差较小的水准标尺作业

104. 下列不属于工作基点位移产生原因的是_____。（A）

A. 工作基点距离大坝过远，受水压力影响较大

B. 日晒对工作基点短周期水平位移的影响

C. 工作基点基础本身不稳定原因

D. 工作基点因外部受力发生变形

105. 下列不属于大坝表面垂直位移监测方法的是_____。（B）

A. 几何水准法　　B. 垂线法

C. 静力水准法　　D. 三角高程法

106. 下列不属于渗流量监测方法的是_____。（A）

A. 电测法　　B. 量水堰法

C. 容积法　　D. 测流速法

107. 对大坝安全监测资料进行初步分析时，关于水平位移定性分析说法错误的是_____。（C）

A. 水平位移受到水荷载作用，上游水位升高，坝体向下游位移

B. 水平位移存在时效变化，在水位和温度基本不变情况下，位移向某一方向逐渐发展

C. 上下游向水平位移变幅与坝高呈负相关，同一结构条件下，坝高较大者位移变幅较小

D. 坝基较软弱的部位水平位移变幅相对较大

108. 数据分析软件（idam）中数据的修改、删除和数据状态的设置，都需在_____的状态下进行。（D）

A. 通过　　B. 未通过

C. 审核　　D. 未审核

109. 数据分析软件（idam）中红色数据表示测值是_____。（C）

A. 正常测值　　B. 异常测值

C. 错误测值　　D. 未判定测值

110. 混凝土坝安全监测人工观测项目中，经运行期_____次以上复测表明稳定的水平位移和垂直位移监测控制网，测次可减少为2～3年1次。（D）

A. 2　　B. 3

C. 4　　D. 5

111. 水工建筑物的现场安全监测类别主要分为：巡视检查、环境量监测（水文、气象等）、变形监测、_____、应力应变及温度监测等。（C）

A. 接缝变位　　B. 表面变形

C. 渗流监测　　D. 内观变形

112. 土石坝表面水平、垂直位移的监测精度要求为_____mm。（A）

A. ±3　　B. ±2

C. ±5　　D. ±1

113. 下列属于运行期大坝安全监测技术档案的为_____。（D）

A. 竣工图　　B. 埋设记录

C. 验收报告　　D. 监测仪器维护记录

114. 水情自动测报系统中心站故障处理应在_____内处理完毕。（A）

A. 2h　　B. 12h

C. 24h　　D. 48h

115. 水情自动测报系统备品备件：应按系统在装量的_____配备，不足 1h，应按 1 个配备。每年汛前应检查备品备件。（C）

A. 5%　　B. 10%

C. 15%　　D. 20%

116. 电力企业应当于每年_____月底前完成上一年度监测资料的整编分析。（B）

A. 二　　B. 三

C. 四　　D. 五

117. 根据 DL/T 1558《大坝安全监测系统运行维护规程》，所有监测数据应完整记录，不得随意改动。自动化监测数据应全部入库，人工测读数据应在_____个工作日内完成录入，所有

的原始监测记录应整编归档。（B）

A. 1　　B. 2

C. 3　　D. 5

118. 大坝安全监测系统检查维护不包括_____。（B）

A. 日常检查维护　　B. 季度详查维护

C. 定期检查维护　　D. 故障检查维护

119. 根据 DL/T 1558《大坝安全监测系统运行维护规程》，宜每_____对自动化系统的测点进行 1 次人工比测，并根据具体情况进行校验。（D）

A. 周　　B. 月

C. 季度　　D. 半年

120. 下列关于大坝安全监测资料整理、整编和分析重要性的说法错误的是_____。（D）

A. 掌握大坝的运行状态及性态，为安全运用提供依据

B. 作出安全预报和反馈，发挥工程效益，预防安全事故

C. 检验设计的正确性，修正设计指标

D. 为水库蓄水提供材料

121. 下列关于观测仪器的使用及维护说法错误的是_____。（D）

A. 严禁不了解仪器性能的人使用仪器，初学者须在有经验的作业人员指导下进行操作

B. 必须建立健全观测仪器设备台账、仪器档案管理等制度

C. 观测仪器外借时需经设备主人及单位领导等有关人员同意，并办理手续

D. 新购置的观测仪器可直接使用

122. 水库巡视检查应注意水库渗漏、塌方、库边冲刷、断

层活动以及冲击引起的水面波动等现象，尤应注意_____的这些现象。（C）

A. 水库　　B. 库盆

C. 近坝库区　　D. 坝区

三、多选题

1. 监测工作的基本任务是_____。（ABD）

A. 了解大坝工作性态

B. 掌握大坝变化规律

C. 获取观测数据

D. 及时发现异常现象或者工程隐患

2. 大坝安全监测自动化系统的基本形式主要有_____。（ABC）

A. 集中式　　B. 分布式

C. 混合式　　D. 总线式

3. 重力坝坝体和坝基水平位移测量宜采用的方法有_____。（ABC）

A. 引张线法　　B. 真空激光准直法

C. 垂线法　　D. 导线法

4. 高程测量按使用的仪器和方法不同可分为_____。（AD）

A. 水准测量　　B. 闭合路线水准测量

C. 附合路线水准测量　　D. 三角高程测量

5. 观测资料分析方法从成果的形式上可分为_____。（BC）

A. 回归分析　　B. 定性分析

C. 定量分析　　D. 方差分析

6. 裂缝观测包括裂缝的_____观测。（AC）

A. 深度　　　　B. 错动

C. 开合度　　　　D. 走向

7. 时效变形是由于_____而引起的变形。（BC）

A. 坝基沉降　　　　B. 水库水压

C. 坝体自重　　　　D. 材料自身变化

8. 水平位移观测常用的方法有_____。（ABCD）

A. 垂线法　　　　B. 引张线法

C. 视准线法　　　　D. 激光准直法

9. 仪器监测项目除专项监测外，还包括_____。（ABCD）

A. 环境量监测　　　　B. 变形监测

C. 渗流监测　　　　D. 应力、应变及温度监测

10. 经纬仪是进行_____测量的仪器。（ABC）

A. 视距　　　　B. 水平角

C. 竖直角　　　　D. 方位角

11. 引张线一般设置在大坝表面或坝体廊道内，主要由_____组成。（ABCD）

A. 端点装置　　　　B. 测点装置

C. 测线　　　　D. 保护管

12. 采用几何水准测量法时，“三级点位、两级控制”方法中的三级点位包括_____。（ACD）

A. 水准基点　　　　B. 起测基点

C. 位移标点　　　　D. 工作基点

13. 土石坝重点监测项目包括_____。（AC）

A. 防渗体的渗流稳定和变形

B. 绕坝渗流

C. 坝体及坝基的渗流稳定和变形

D. 坝体压应力

14. 监测资料分析中监测值对比分析的主要方法包括_____等。（ACD）

A. 本次测值与上次或前几次测值相比较

B. 与相关规范规定的中误差限值比较

C. 与历史上相同条件（如水位、温度等）的多次测值相比较

D. 与相邻测点的测值相比较

15. 前方交会法适用于_____型大坝。（ABCD）

A. 重力坝　　B. 拱坝

C. 堆石坝　　D. 面板堆石坝

16. 引张线设备包括_____。（ABC）

A. 测线　　B. 端点装置

C. 位移观测点　　D. 锚固点

17. 高边坡安全监测中，主要包括_____。（ABCD）

A. 高边坡表面位移、深层位移

B. 渗流（地下水）

C. 裂缝、爆破及松动范围

D. 加固效果

18. 监测工作包括_____及数据的采集、传输和储存，资料的整理和分析，水工建筑物实测性态的分析与评价等。（ABCD）

A. 观测方法的研究

B. 仪器设备的研制与生产

C. 监测设计

D. 监测设备的埋设安装

19. 监测设施的巡视检查包括对_____的检查。（AB）

A. 监测仪器　　　　　　　B. 测尺

C. 水准仪　　　　　　　　D. 经纬仪

20. 导致水准误差的外界因素包括_____。（ACD）

A. 温度变化对仪器的影响　B. 观测误差的影响

C. 仪器脚架升沉的影响　　D. 大气折光的影响

21. 安全监测工作现场观测要做到“五固定”，除了固定人员以为还包括_____。（ABCD）

A. 固定仪器　　　　　　　B. 固定测次

C. 固定方法　　　　　　　D. 固定时间

22. 下列关于监测物理量正负号的规定，正确的是_____。（BCD）

A. 水平位移：向上游为正，向左岸为正

B. 岩体深部变形：拉为正，压为负

C. 接缝和裂缝开合度：张开为正，闭合为负

D. 边坡位移：水平向临空面为正，面向临空面左为正

23. 运行期水工建筑物的安全监测工作具有十分重要的意义，可以达到_____等目的。（BC）

A. 提高建筑物结构强度

B. 监视掌握水工建筑物的状态变化，发现不正常迹象时采取措施，确保其安全

C. 掌握水位、蓄水量等情况，了解水工建筑物在各种状态下的安全程度，发挥工程最大效益

D. 及时掌握施工期间水工建筑物的状态变化，据以指导施工

24. 常用的表面垂直位移监测方法包括_____。（BCD）

A. 边角交会法　　　　　　B. 几何水准法

C. 三角高程法　　　　　　D. 静力水准法

25. 测量误差包括_____。（ABD）

A. 偶然误差　　B. 系统误差

C. 人为误差　　D. 粗差

26. 渗流量可采用_____等方法观测。（ACD）

A. 容积法　　B. 称重法

C. 量水堰法　　D. 测流速法

27. 大坝安全监测工作应做到_____。（ABC）

A. 四无　　B. 四随

C. 四固定　　D. 四不准

28. 记录员在记录时应做到三不准，包括_____。（ACD）

A. 不准涂改　　B. 不准不签字

C. 不准伪造　　D. 不准凭回忆记录

29. 挠度一般采用_____方法进行观测。（AC）

A. 正垂线　　B. 视准线

C. 倒垂线　　D. 引张线

30. 大坝巡视检查分为_____。（BCD）

A. 专项巡视检查　　B. 年度巡视检查

C. 特别巡视检查　　D. 日常巡视检查

31. 经纬仪的安置工作包括_____。（AC）

A. 对中　　B. 粗平

C. 整平　　D. 精平

32. 国家高程控制的基础是_____。（CD）

A. 四等测量　　B. 三等测量

C. 二等测量　　D. 一等测量

33. 在观察大坝渗漏时，做好观察记录，要记录_____。（ABCD）

A. 渗漏的部位　　B. 渗漏水量的大小

C. 观察者和记录者的姓名　　D. 观察的时间

34. 闸门及启闭机安全检测包括_____。(ABC)

A. 检测及成果分析　　B. 安全复核计算

C. 安全评估　　D. 模型试验

35. 闸门槽外观检测记录包括_____。(ABCD)

A. 门槽混凝土的剥蚀及对闸门运行影响

B. 主轨、侧轨、反轨、止水座板及闸槽护角的磨损、腐蚀、脱落、缺件、错位

C. 钢胸墙的腐蚀、裂缝及妨碍闸门运行的凸起等

D. 一、二期混凝土接缝的渗漏

36. 下列属于全站仪自动化观测特点的有_____。(AB)

A. 温度和气压自动观测，保证边长改正的精度

B. 通过软件实现召测，软件要实现原始数据到最终成果的信息化管理

C. 工作基点同时布置GNSS，利用GNSS监视工作基点的变动

D. 精度受距离影响

37. 下列关于大坝安全监测自动化系统运行维护的说法，正确的是_____。(ABD)

A. 试运行期1次/天，常规监测不少于1次/周，汛期高水位等情况下可加密测次

B. 所有原始实测数据必须全部入库

C. 监测数据至少每6个月作1次备份

D. 每年对系统进行1～2次人工比测，必要时进行修正

38. 下列属于大坝安全巡视检查采用的特殊方法的包括_____。(ABC)

A. 钻孔取样或孔内电视

B. 潜水员探摸或水下电视

C. 超声波探测及锈蚀检测

D. 锤击并辅以钢卷尺、照相设备等工具

39. 大坝安全监测资料综合分析时，常用的定量分析方法有_____。（BCD）

A. 相关性分析法　　B. 统计分析法

C. 有限元分析法　　D. 反分析法

40. 集团公司大坝安全管理系统由_____构成。（ABCD）

A. 数据分析软件（IDam）

B. 安全监测信息网（web）

C. 数据转入软件

D. 大坝中心报送软件

41. 混凝土坝安全监测主要内容包括_____。（BCD）

A. 监测仪器检定　　B. 环境量监测

C. 变形监测　　D. 渗流监测

42. 下列监测项目哪些是大（Ⅰ）型水库混凝土坝必测项目_____。（AB）

A. 内部温度　　B. 降水量

C. 固结　　D. 浸润线

43. 关于水工建筑物安全监测目的和意义，说法正确的是_____。（ABCD）

A. 掌握水工建筑物的状态变化，及时发现不正常迹象，分析原因采取措施，确保其安全

B. 了解水工建筑物在各种状态下的安全程度，为正确运用提供依据

C. 及时掌握施工期间水工建筑物的状态变化，据以指导施工，保证工程质量

D. 分析判断水工建筑物的运用和变化规律，验证设计数据，鉴定施工质量

四、填空题

1. 年度巡视检查除按规程对大坝各种设施进行外观检查外，还应检查大坝运行、维护记录、监测数据等资料档案，每年不少于 2 次。

2. 混凝土坝变形监测项目主要包括变形监测控制网、水平位移、垂直位移、倾斜、裂缝及接缝变形等。

3. 双金属标的双金属管采用钢管和铝管，安装前宜采样测定温度线膨胀系数。

4. 当采用水尺法测量混凝土坝量水堰堰上水头时，水尺精度不低于 1 mm；采用水位测针或量水堰水位计量测堰上水头时，精度不低于 0.1 mm。

5. 混凝土坝坝体混凝土缺陷、冷缝和裂缝的漏水，漏水量较大时，宜集中后用容积法或量水堰监测。

6. 垂线监测前必须检查该垂线是否处在自由状态，倒垂线还应检查调整浮体组的浮力，使之满足要求。

7. 大坝安全监测自动化系统监测数据宜每 3 个月进行一次备份。

8. 大坝安全监测资料每年应进行一次资料整编。

9. 水尺及水位计的零点标高每 1～2 年校核 1 次。

10. 水准测量中转点的作用是传递高程。

11. 高程处相等的一组闭合曲线成为等高线。

12. 大坝安全检查在每年汛前、汛后或枯水期（冰冻严重地区的冰冻期）及高水位、低气温时，应对大坝进行较为全面的巡视检查。

13. 水准仪按每公里往返测高差中数的中误差这一精度指标为依据，划分为四个等级，分别为 S05 级、S1 级、S3 级、S10 级。

14. 监测仪器安装埋设后应及时取初始值，首次蓄水前应取得所有监测数据的基准值，及时进行监测及资料整理分析，并与设计计算值或安全警戒值比较，分析建筑物的安全运行情况。

15. 在经纬仪使用的操作步骤中，整平需要令水准管气泡居中。

16. 水工建筑物的监测包括仪器监测和巡视检查两部分。

17. 大坝安全监测自动化系统可选用集中式、分布式、混合式三种基本形式。

18. 应当及时整理、分析监测数据，对测值的可靠性和监测系统的完备性进行评判，掌握监测系统的运行情况，对监测仪器设备的异常情况进行处理。

19. 水准仪按每公里往返测高差中数的中误差这一精度指标为依据，划分为四个等级，分别为 S05 级、S1 级、S3 级、S10 级。

20. idam 系统中的数据录入主要分为人工录入、excel 导入、外围数据（特殊格式数据）导入。

21. 在对重要监测项目进行升级改造时，需要采取临时监测措施，保证监测数据有效衔接。

22. 针对大坝重要部位和薄弱环节，根据大坝实际运行特性和工作性态而确定的监测项目被称为重要监测项目。

五、简答题

1. 如何控制人工观测的水位误差？

答：（1）观测人员观测水位时，身体蹲下，使视线尽量与水面平行，避免产生折光。

（2）有波浪时，可利用水面的暂时平静进行观读或者读取峰顶、谷底水位，取其平均值。波浪较大时，可采用套好静水箱的方式进行观测。

（3）当水尺周围有杂物影响观测时，应先排除杂物，再进行观测。

（4）采取多次观读，取其平均值。

2. 大坝运行安全信息中的大坝异常情况包括哪些内容？

答：（1）坝体发生裂缝或者原有裂缝出现发展。

（2）建筑物出现冻融、冻胀、溶蚀或者过流部分出现空蚀、磨损、冲刷。

（3）坝体表面错动。

（4）坝体或边坡变形突变。

（5）基础或者坝体扬压力、渗漏量突变、渗漏水质发生变化。

（6）应力、应变、温度等监测项目测值发生突变或者监测系统部分项目不能正常监测等。

3. 面板堆石坝常用的内部观测仪器有哪些？

答：堆石坝有水管式沉降仪、钢丝式水平位移计、渗压计等，面板有测缝计、应变计、无应力计、钢筋计、测斜管等，面板与趾板间有三向测缝计、渗压计等。

4. 简述资料分析的 4 种方法。

答：（1）比较法。

（2）作图法。

（3）特征值的统计法。

（4）数学模型法。

5. 对混凝土大坝的坝基和坝肩，巡视检查的项目有哪些？

答：（1）基础岩体有无挤压、错动、松动和鼓出。

（2）坝体与基岩（或岸坡）接合处有无错动、开裂、脱离及渗水等情况。

（3）两岸坝肩区有无裂缝、滑坡、溶蚀及绕渗等情况。

（4）基础排水设施的工作状况、渗漏水的水量及浑浊度有无变化。

6. 简答各种量水堰在多少流量时采用。

答：当流量在 1～30L/s 时采用直角三角形堰，当流量在大于 30L/s 时采用矩形堰或梯形堰。

7. 从监测成果怎样判断异常值？

答：一般情况下，监测成果出现以下情况之一者，视为异常值：

（1）变化趋势突然加剧或发生逆转，如从正增长变为负增长。

（2）出现与已知原因量无关的变化速率。

（3）出现超过最大（或最小）量值，出现安全监控极限值或数字模型预极值。

8. 正垂线监测有几种方法？简述其结构。

答：正垂线监测有两种方法。

（1）一点支承多点观测法（一线多测站式）。其结构是支承点设于专用竖井最上端，以下不同高程设观测点。观测各观测点的位移。

（2）多点支承一点观测法（一线多支承点式）。其结构是在竖井内不同高程设置多个支承点，在垂线下端（重锤以上）设置一个观测点。观测各个支承点的位移。

9. 监测资料应定期进行初步分析。初步资料分析主要包括什么内容？其目的是什么？

答：初步资料分析主要包括效应量变化过程分析、特征值统计分析、测值分布特性分析、测值相关性分析、测值对比分析等。

初步分析的目的是定性判断大坝是否存在异常状态。

10. 混凝土坝监测资料初步分析的重点有哪些？

答：（1）利用坝体引张线、视准线、垂线、真空激光准直、水准测点等观测数据，分析坝体水平位移和垂直位移工作状态，评价坝体变形性态。

（2）利用基岩及坝体底部埋设的监测仪器的监测数据（如倒垂线、基础廊道引张线及静力水准、多点位移计等），分析坝基、坝肩变形性态，判断坝基、坝肩的稳定性。

（3）利用扬压力和渗流量监测数值，分析坝基、坝肩防渗情况，评价固结灌浆、帷幕灌浆、排水及断层破碎带处理的效果和工作状态。

（4）利用测缝计监测资料，分析重力坝横缝工作性态和拱坝的整体工作状态。

（5）利用坝体应变计组、压应力计、钢筋计等观测资料，分析坝体混凝土应力状态。

11. 水准基点如何布置？

答：水准基点是垂直位移观测以及其他高程测量的基准点，如稍有变动而又未被发现则会影响到整个观测成果的可靠性，因此应保证其坚固与稳定，常埋设在不受库区水压力影响、便于保存、便于引测的地方。在一般情况下，水准基点应设置在地质条件较好，离坝址 1～2km 处较为适宜。

12. 观测资料整编工作包括的步骤和内容是什么?

答：（1）平时资料整理。重点是计算、查证原始观测数据的可靠性与准确性。如有异常或疑点应及时复测、确认。如发现有影响工程安全的测值，应及时反馈并上报主管部门。

（2）定期整编刊印。在平时资料整理的基础之上，按规定时段对监测资料进行全面整理、汇编和分析，并附以分析意见后刊印成册。整编和刊印时段，在施工期和初蓄期，最长不超过 1 年。在运行期，整编工作至少每年 1 次，刊印时段最长不得超过 5 年。

13. 在观测资料整理中，应绘制大量的观测成果图表，主要的图有哪些?

答：在观测资料整理中，主要应绘制的观测成果图有：

（1）物理量随时间变化的过程曲线图。

（2）物理量分布图，如物理量沿钻孔分布图、沿轴线分布图、断面分布图、平面分布图。

（3）物理量相关图，如物理量与空间变化关系图、物理量之间的相关关系图。

（4）物理量比较图。

14. 测缝计、位移计、测斜仪的基准值如何确定?

答：测缝计的基准值取仪器埋设后混凝土或水泥砂浆终凝时的测值。

位移计埋设后，根据仪器类型和测点锚头固定方式确定基准值的观测时机，一般在传感器和测点固定之后开始测基准值。

采取水泥砂浆固定的锚头，埋设灌浆后24h以上的稳定测值可作为基准值。

测斜仪导管安装埋设的回填料固化后，测读三次以上的稳定测值，当其中两次测值误差小于仪器精度时，可取其平均值作为基准值。

15. 监测资料分析的内容应包括哪些？总体要求是什么？

答：监测资料分析的内容应包括坝区环境量、大坝变形、大坝渗流、结构物受力状态、工程边坡变形和地下水位，以及现场巡视检查结果等。

总体要求：

（1）监测资料整编和分析时，发现异常情况应及时进行分析并报告。

（2）监测资料整理和整编及初步分析应按 DL/T 5209《混凝土坝安全监测资料整编规程》、DL/T 5256《土石坝安全监测资料整编规程》的规定执行。

（3）监测资料的整编和分析成果应按档案管理规定及时归档。

16. 坝体边坡监测巡视检查的内容有哪些？

答：（1）边坡地表或排水沟有无新裂缝、崩塌发生，原有裂缝有无扩大、延伸，断层有无错动发生。

（2）地表有无隆起或下陷，有无局部滑动现象。

（3）排水沟、排水孔、截水沟是否通畅，排水量是否正常。

（4）有无地下水露头，原有的渗水量和水质有无异常。

（5）支护结构监测设施有无损坏等。

17. 监测系统综合评价的要点有哪些？

答：（1）全面检查现有监测设施工作状态，运行情况。

（2）确定大坝薄弱环节和重点部位。

（3）评价现有监测设施可靠性和整个监测系统完备性。

18. 闸门外观检测应记录哪些内容？

答：（1）闸门体明显变形、扭曲。

（2）主梁、支臂、纵梁等构件的直线度、局部不平整、碰撞变形、位置偏差等。

（3）面板的局部不平度。

（4）吊耳变形、开裂及轴孔磨损等。

（5）焊缝及其热影响区状况。

19. 什么是测量误差？什么是系统误差、随机误差及粗大误差？

答：测量误差是指测量结果与被测量真值之间的误差。

在同一条件下多次测量同一量值时，绝对值和符号保持不变；或在条件改变时，按一定规律变化的误差称系统误差。

在同一条件下多次测量某一量值时绝对值和符号以无规律的方式变化的误差是随机误差。

由于人为的因素或外界环境的突变，使测量结果产生明显歪曲的误差是粗大误差，如测量时读错了数、记错了数，以及其他因素引起的过失误差等。

20. 进行水平位移监测时，重力坝与拱坝在方法的选用上有什么区别？测点数目一般怎样布置？

答：（1）重力坝：由于坝轴线为直线，因此主要采用以基准线为基础的引张线法、真空激光准直法、视准线法（坝轴线较短时）等方法进行监测。一般在坝顶以及代表性高程廊道布置若干条测线，每条测线一般在每个坝段布置 1 个水平位移测点。

（2）拱坝：由于坝轴线为曲线，因此大都采用以基准点为基础的边角网法、GPS 法等方法进行监测。测点数目根据坝顶长度和拱坝结构特点布置，一般每层布置 5～11 个测点。

21. 在什么情况下需要加密观测？

答： 蓄水期水库水位上升很快时、发生强烈地震后、出现大洪水时、水库水位超过设计洪水位时、观测成果出现大范围异常时、大坝发生异常迹象或险情时。

22. 引张线测量水平位移的原理是什么？

答： 引张线法是在坝顶或廊道两端的基岩上浇筑固定端点，在两固定端点间拉紧一根不锈钢丝作为基准线，然后定期测量坝体上各位移标点对此基准线偏离值的变化情况，从而计算水平位移量，若端点设于坝体上，则应与倒垂线相连接，借以测定端点的位移量，进一步推算位移标点的位移量。

23. 混凝土坝和土石坝在巡视检查时一般包括哪些内容？

答：（1）混凝土坝：坝体主要检查内容、坝基及坝肩主要检查内容、引水建筑物主要检查内容、泄水建筑物主要检查内容、近坝区岸坡主要检查内容、闸门及金属结构主要检查内容、监测设施主要检查内容、过坝建筑物主要检查内容、地下厂房主要检查内容。

（2）土石坝：坝体主要检查内容，坝基及坝区主要检查内容，输、泄水洞（管）主要检查内容，溢洪道主要检查内容，闸门及启闭机主要检查内容，其他。

24. 土石坝巡视检查应注意哪些要求？

答：（1）每次巡视检查都应按照规定的内容、要求、方法、路线、时间进行，每项工作都要安排专人分管，要明确各自的任务和职责。

（2）发现异常情况应及时上报，上级主管部门应分析决定是否进行高一级巡查工作。

（3）应加强水库安全运行的宣传工作，号召坝区周围群众爱护工程设施，爱护观测设备，做到防患于未然。

25. 大坝安全监测中，误差分析的主要目的是什么？

答：（1）正确地认识误差的性质，分析误差产生的原因，进而寻找减小或消除误差的措施和方法。

（2）科学地设计和布置监测系统，合理地使用观测仪器和观测方法，获得可靠的监测成果，并在保障大坝的安全性和监测投资的经济性之间，寻找平衡性。

（3）正确地处理监测数据，合理地计算监测效应量，以便在一定的条件下得到更接近于真值的监测数据。

（4）确定异常测值的性质，判断异常测值对大坝安全的影响，为大坝健康诊断和安全评价提供科学的依据。

26. 现场对传感器的率定一般有哪几项？

答：（1）最小读数、非线性度、不重复度、回差等。

（2）温度系数、零度电阻等。

（3）绝缘性能。

27. 简述为什么要在混凝土坝内埋设温度计。

答：混凝土坝内大体积混凝土浇筑后，水泥水化热温度大幅度变化，形成温度应力使混凝土产生膨胀收缩，可能使混凝土产生裂缝甚至引起整体性的破坏。为此，需在混凝土坝内埋设温度计，了解坝内温度变化情况，从而有目的地控制、保障大坝安全。

28. 大坝安全监测项目的设置是按照混凝土坝或土石坝等不同的类型，设置的项目有所不同，并根据大坝的级别设置必设项目和可选项目。试问2级混凝土重力坝必设项目有哪些？

答：2级混凝土重力坝必设项目有：

（1）巡视检查。

（2）环境量监测。包括水位、气温、降水量。

（3）变形监测。包括坝体（水平、垂直）位移、坝基位移、裂缝变形、接缝变形。

（4）渗流监测。包括渗流量、扬压力或坝基渗透压力、绕坝渗流。

29. 水工钢闸门和启闭机巡视检查的主要内容有哪些?

答：（1）观察闸门、启闭机运行情况。

（2）泄水时，闸门所在水道及闸槽前后的水流流态。

（3）闸门关闭时的漏水状况。

（4）闸墩、胸墙、牛腿等部位裂缝、剥蚀、老化等。

（5）门槽及附近区域空蚀、冲刷、淘空等。

（6）闸墩及底板伸缩缝的开合错动，对闸门和启闭机的影响。

（7）通气孔坍塌、堵塞或排气不畅等。

（8）启闭机室裂缝、漏水、漏雨等异常现象。

（9）寒冷地区闸门的防冻设施是否有效。

（10）液压系统及其控制保护是否完整。

（11）电气控制及保护系统设备及备用电源是否能正常工作。

30. 给出下列名词在图 4－1 中的具体位置：测站、后视点、观测量、纵向、横向。

答：（1）测站：工作基点 M。

（2）后视点：工作基点 N。

（3）观测量：MP 和 MN 的夹角 β，边长 S。

（4）纵向：MP 方向（边长控制）。

（5）横向：MP 的垂线方向（角度控制）。

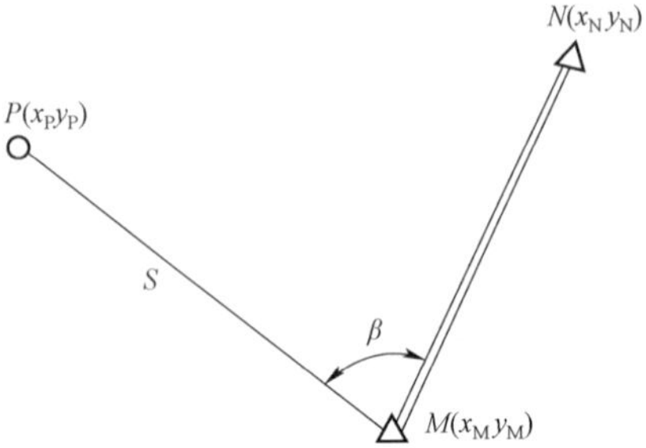

图 4－1　极坐标法观测示意图

31. 根据大坝安全监测系统运行维护规程，监测自动化系统的系统防护有哪些?

答：（1）应保证采用专用电源供电，电源应有稳压及过电压保护措施。

（2）应有可靠的防雷电感应措施，系统的接地应可靠，接地电阻应满足电气设备接地要求。

（3）电缆应加以保护，室外电缆应布设在电缆沟或电缆保护管内。电缆沟宜封闭，并应有排水设施。

（4）易受周围环境影响的仪器应加以保护；安装在坝体外部的设备，应考虑日照、温度、雨雪、风沙等恶劣天气对监测设备的影响，必要时应采取特殊防护措施。

（5）野外及离坝较远的设备应采取防雷措施，并应予以封闭，注意防盗。

32. 土石坝的巡视检查主要包括哪些内容?

答：土石坝检查应注意其液化、坝坡不稳定，过量渗流、固体材料与可溶性物质的流失和坝坡冲刷等。主要检查项目概括如下：

（1）坝顶：位移、沉降、裂缝。

（2）上游面：护面破坏，滑坡、裂缝，鼓胀或凹凸、沉陷，冲刷、堆积，植物生长，动物洞穴。

（3）下游面及坝趾区：位移；滑坡；裂缝；泉水、渗水坑、水点、湿斑、下陷区；渗水颜色，浑浊度、管涌；植物异常生长；动物洞穴。

（4）下游排水反滤系统：堵塞或排水不畅，化学沉淀物、微生物，排水、渗水量变化，测压管水位变化。

（5）土石坝与混凝土结构物或其他建筑物接头、界面工作状况与缺陷。

（6）观测设备、仪器工作状况。

（7）其他异常现象。

第五章

水 工 建 筑 物

一、判断题

1. 防洪高水位是指水电站为承担大坝设计标准洪水时拦蓄洪水，坝前所达到的最高洪水位。（×）

2. 防洪限制水位是指在汛期洪水来临前水库允许蓄水的最低水位，它是水库进行洪水调节的起调水位。（×）

3. 水电站水头是指水电站上下游水位之差。它是确定水电站出力的一个重要因素。（√）

4. 水流由引水建筑物进入水轮机过程中要消耗部分能量，称为水头损失。（√）

5. 百年一遇的洪峰流量值是五十年一遇的洪峰流量值的2倍。（×）

6. 水头损失：由于实际液体具有黏滞性，在流动过程中会产生水流阻力，克服阻力就要消耗一部分机械能，转化为热能，造成水头损失。（√）

7. 底流消能一般适用于软土地基和高水头泄水建筑物，是在渠系中最常见的消能方式。（×）

8. 混凝土坝都靠重力（自重）维持稳定。（×）

9. 河床式水电站的最大特点是电站厂房作为挡水建筑物的一部分承受上游水压力。（√）

10. 险坝加固必须由具有相应设计资格证书的单位作出加固设计，经审批后组织实施。险坝加固竣工后，由设计主管部门组织验收。（×）

11. 拱坝是在水压力及其他荷载作用下，主要依靠坝体自身产生的抗滑力来满足自身的稳定性。（×）

12. 为防止大坝裂缝，除适当分缝、分块和提高混凝土质量外，还应控制混凝土温度。（√）

13. 拱坝的失稳形式中，最常见的形式是坝肩岩体在拱端推力作用下发生的滑动失稳。（√）

14. 检修闸门和事故闸门都只能在静水中关闭和开启。（×）

15. 无压隧洞由于内水压力较大，从水流及受力条件考虑，一般用圆形断面。（×）

16. 拱坝中心角越大，对坝肩岩体的稳定越有利。（×）

17. 水电站根据落差集中方式，可分为堤坝式水电站、引水式水电站和混合式水电站三种类型。（√）

18. 重力坝依靠坝体自重在水平截面上产生的压应力来抵消由于水压力所引起的拉应力，以满足强度的要求。（√）

19. 重力坝都是依靠坝体自身重量产生的抗滑力来满足稳定要求的。（√）

20. 在水闸中海漫的作用是进一步消减水流剩余能量，保护护坦安全，并调整流速分布，保护河床、防止冲刷。（√）

21. 挡水建筑物的作用是拦截河流，形成水库或壅高水位。如各种材料和类型的坝。（√）

22. 水工建筑物现场检查包括经常性检查、定期检查和特别检查。（√）

23. 河床式水电站是坝式水电站的一种。（√）

24. 大坝坝基采用防渗和排水措施后，扬压力会呈折线形减少。（√）

25. 大坝和厂房现场检查及观测设备、设施检查内容包括对大坝和厂房的表面混凝土裂缝、渗漏、冻融、坝基坝肩及边坡稳定、下游冲刷变化情况等进行现场检查；对大坝观测自动化系统、大坝观测设备、设施进行检查。（√）

26. 泄洪设施维护与运行工作的检查内容包括泄洪设施必须有独立、可靠的备用电源，对泄洪闸门进行启闭试验。（√）

27. 水工建筑物运行检查内容包括水工建筑物运行评级情况，水工建筑物加固、消缺处理、水毁修复等工程措施的落实情况。（√）

28. 坝体纵缝是垂直于坝轴线，用于将坝体分为若干个独立的坝段。（×）

29. 坝体自重、地震荷载、静水压力属于拱坝荷载组合中的基本荷载组合。（×）

30. 土石坝渗流分析的目的：为大坝的防渗设计布置选择合理的渗控方案而提供技术依据，保证坝体各部位的渗流稳定性，防止发生管涌、流土等渗流破坏。（√）

31. 节制闸是建在河道、水库的岸边，用来控制引水流量，以满足灌溉、发电或供水需求的一种建筑物。（×）

32. 为减小渗水对重力坝坝体的不利影响，在靠近坝体上游面需设置排水管幕。（√）

33. 水利工程按其地位可以分为河道整治与防洪工程、农田水利工程、水力发电工程、供水和排水工程、航运工程。

（×）

34. 溢流重力坝的泄水方式有坝顶溢流式和孔口溢流式两种类型。（√）

35. 坝顶溢流式重力坝适用于洪水流量较小，淹没损失不大的中、小型水库。（√）

36. 水工建筑物渗流观测的目的是以水在建筑物中的渗流规律来判断建筑物的性态及其安全情况。（√）

37. 在水压力作用下，渗入到坝体的水是沿着阻力最小的途径流向下游面廊道或排水孔中。（√）

38. 土石坝按坝高可分为低坝、中坝和高坝，其中高度在30m以上的为中坝，高度在50m以上的为高坝。（×）

39. 拱坝坝体径向位移、切向位移监测位移量中误差限值为±1.0mm。（×）

40. 扬压力的大小与库水位成反比。（×）

41. 水库的库容系数越大，则水库的调节性能越差。

（×）

42. 开敞式溢洪道的泄流量 Q 与堰上水头 H 的3/2次方成正比。（√）

43. 水工建筑物的巡视检查可根据每个人的特点自行制定不同的检查路线。（×）

44. 水下施工材料主要包括水下防腐材料、水下灌浆类材料、补强加固类水下材料等。（√）

45. 专为过坝用的船闸、升船机、鱼道等建筑物按照建筑物作用分类属于整治建筑物。（×）

46. 工程等别为Ⅰ级的水利水电工程次要建筑物级别为3级。（√）

47. 重力坝坝基渗透压力包括扬压力和浮托力。（×）

48. 坝基处理的主要任务是防渗和提高基岩的强度及整体性。（√）

49. 土石坝的维修包括裂缝处理、滑坡处理、横缝齿槽嵌补、渗漏和管涌处理等。（×）

50. 为使工程的安全可靠性与其造价的经济合理性恰当地统一起来，水利枢纽及其组成的建筑物要进行分等分级。（√）

51. 固结灌浆作用是提高基岩强度和整体性，降低地基的透水性。（√）

52. 管涌一般发生在无黏性土、砂砾土的下游坝坡面和基面渗流溢出处。（√）

53. 过堰水流与泄槽轴线一致的岸边溢洪道称为正槽溢洪道。（√）

54. 当封拱温度较低时，此后温度升高，拱轴线伸长，变位方向与水压引起的相反。（√）

55. 水库按照库容的大小可分为大型、中型、小型、塘坝四类。（√）

56. 从重力坝特点来看，由于重力坝坝体与地基接触面积大，因而坝基的扬压力较大，对坝体稳定有利，重力坝失事大多也是由基础引起。（×）

57. 混凝土坝内部温度达峰后的降温过程中，温降收缩变形超过混凝土极限拉伸变形引起温度裂缝。（√）

二、单选题

1. 依据 SL 744《水工建筑物荷载设计规范》，下列属于永久荷载的为_____。（A）

A. 淤沙压力　　B. 动水压力
C. 浪压力　　D. 地震荷载

2. 双曲拱坝是指拱坝坝体在_____方向呈拱形。（C）

A. 水平　　B. 铅直
C. 水平与铅直　　D. 任意

3. 水工建筑物按使用时间可分为_____。（A）

A. 永久性建筑物和临时性建筑物
B. 主要建筑物和次要建筑物
C. 长期建筑物和短期建筑物
D. 主要建筑物和一般建筑物

4. 水利水电工程地下洞室围岩一般分为_____大类，稳定性最差的是第_____类。（A）

A. Ⅴ，Ⅴ　　B. Ⅴ，Ⅰ
C. Ⅳ，Ⅳ　　D. Ⅳ，Ⅰ

5. 大坝设防渗帷幕和排水孔主要是为了_____。（A）

A. 降低渗透压力　　B. 防止地下水流速太快
C. 止住地下水渗透　　D. 减少渗流量

6. 混凝土的抗拉强度一般是它的抗压强度的_____。（B）

A. 1/50　　B. 1/20～1/10
C. 1/6～1/4　　D. 1/3～1/2

7. 下列消能方式中利用水跃消能的是_____。（A）

A. 底流消能　　B. 挑流消能
C. 面流消能　　D. 消力戽消能

8. 有压进水口事故闸门的工作条件是_____。（B）

A. 动水中关闭动水中开启

B. 动水中关闭静水中开启

C. 静水中关闭动水中开启

D. 静水中关闭静水中开启

9. 排水孔幕在渗流控制中的主要作用是_____。（D）

A. 提高地基整体强度　B. 提高坝体强度

C. 减小坝基渗流量　D. 降低扬压力

10. _____是主要依靠坝体自重所产生的抗滑力来满足稳定要求的挡水建筑物。（C）

A. 拱坝　B. 土石坝

C. 重力坝　D. 堆石坝

11. 重力坝的基本剖面为_____。（A）

A. 三角形　B. 梯形

C. 菱形　D. 四边形

12. 土石坝的基本剖面为_____。（B）

A. 三角形　B. 梯形

C. 菱形　D. 四边形

13. _____是一种低水头的水工建筑物，兼有挡水和泄水的作用。（C）

A. 重力坝　B. 溢洪道

C. 水闸　D. 土石坝

14. _____用以拦截江河，形成水库或壅高水位。（A）

A. 挡水建筑物　B. 泄水建筑物

C. 输水建筑物　D. 取水建筑物

15. 拱坝按_____可分为薄拱坝、一般拱坝、厚拱坝。（A）

A. 厚高比特征　　B. 曲率

C. 水平拱圈形式　　D. 厚度

16. 一般坝顶不能溢流的坝为_____。(C)

A. 拱坝　　B. 浆砌石坝

C. 土石坝　　D. 混凝土重力坝

17. 专门为灌溉、发电、供水、过坝需要修建的建筑物称为_____。(B)

A. 挡水建筑物　　B. 专门建筑物

C. 输水建筑物　　D. 泄水建筑物

18. 混凝土重力坝上游面可做成折坡，折坡点一般位于_____坝高处，以便利用上游坝面水重增加坝体的稳定性。(B)

A. 1/4～1/2　　B. 1/3～2/3

C. 1/4～2/3　　D. 2/3～1

19. _____标志水工建筑物在荷载作用下抵抗滑动、保持稳定程度的数据指标。(D)

A. 强度安全系数　　B. 防洪安全标准

C. 抗倾覆稳定安全系数　　D. 抗滑稳定安全系数

20. 修建拱坝的适宜河谷形状是_____。(B)

A. 宽浅型　　B. 窄深型

C. 河谷宽度小　　D. 河谷高度小

21. 用于分隔闸孔和支撑闸门、胸墙、工作桥、交通桥等上部结构的是_____。(A)

A. 闸墩　　B. 工作桥

C. 底板　　D. 翼墙

22. 防冲槽的作用是_____。(A)

A. 防止冲刷坑向上游扩展　　B. 防止渗透变形

C. 防止波状水跃　　D. 防止折冲水流

23. 建筑物及其基础在自重、上下游水压力、温度等因素的影响下，会产生垂直方向的位移变形，在枢纽上下游一定范围的地壳，也受其影响产生_____。（A）

A. 形变　　B. 变形

C. 破坏　　D. 破坏与形变

24. 泄洪过程中要随时观察泄洪建筑物的_____。（C）

A. 外观形态　　B. 周围环境

C. 工作状态　　D. 内部结构

25. 通过土坝坝体的渗流将降低坝体的有效重量和土料的_____，超过一定限度时会引起坝体、坝基的渗透变形。（B）

A. 压缩性　　B. 抗剪强度

C. 渗透性　　D. 黏聚力

26. 坝体内部可能已经发生渗透变形破坏的现象不包括_____。（C）

A. 渗水的颜色由清水变得浑浊

B. 渗水明显地夹带有土颗粒

C. 渗水无明显气味

D. 渗透水量突然增大

27. 根据 SL 252《水利水电工程等级划分及洪水标准》，按总库容分，工程规模属于大（1）型的为大于或等于 10 亿 m^3；工程规模属于中型的为 0.10 亿～1.0 亿 m^3，相应的永久性主要建筑物级别为_____级；工程规模属于小（1）型的为 0.01 亿～0.10 亿 m^3。（B）

A. 4 级　　B. 3 级

C. 2 级　　D. 1 级

28. 基岩加固及防渗处理的方法有开挖清基、固结灌浆、_____和软弱带的处理等。（C）

A. 接触灌浆　　B. 回填灌浆

C. 帷幕灌浆　　D. 坝体灌浆

29. 弧形闸门的开启高度为_____。（C）

A. 开启的弧线长度　　B. 弧线对应的弦长

C. 垂直开启高度　　D. 弧线到闸门底部的长度

30. 闸门安全检测应定期进行，水工钢闸门和启闭机投入运行后，闸门承受水头达到或接近设计水头时应进行首次安全检测，如未达到设计水头，应在运行_____年内进行首次安全检测。（C）

A. 3　　B. 4

C. 5　　D. 6

31. 水工钢闸门和启闭机安全检测抽检项目应根据同类型闸门孔数和同类型启闭机台数，按比例抽样检测。当闸门孔数为6～10时，抽样比例为_____。（B）

A. 100%～50%　　B. 50%～30%

C. 30%～20%　　D. 20%～10%

32. 以下哪种闸门不具备动水关闭功能_____。（B）

A. 弧形闸门　　B. 检修闸门

C. 事故检修闸门　　D. 事故闸门

33. 压力钢管运行满_____年必须按标准进行折旧期满安全检测，以确定钢管是否可以继续服役及必须采取的加固措施。（C）

A. 30　　B. 35

C. 40　　D. 45

34. 拱坝的设计荷载与重力坝类似，包括上下游的_____、自重、泥沙压力、扬压力等。（A）

A. 水压力　　B. 风压力

C. 温度应力　　D. 水冲力

35. 水工建筑物混凝土表面缺陷不包括_____。（B）

A. 蜂窝、麻面　　B. 碳化

C. 表面不平整　　D. 磨损、空蚀

36. 与重力坝相比，拱坝的_____荷载上升为主要荷载。（C）

A. 扬压力　　B. 自重

C. 温度　　D. 水压力

37. 下列不属于土石坝渗流破坏形式的有_____。（D）

A. 管涌　　B. 流土

C. 接触冲刷　　D. 接触破坏

38. 重力坝的横缝一般不需要进行接缝灌浆，故称为_____。（B）

A. 临时缝　　B. 永久缝

C. 构造缝　　D. 施工缝

39. 水库的三大主要建筑物是指_____。（A）

A. 挡水建筑物、泄水建筑物和取水建筑物

B. 挡水建筑物、取水建筑物和输水建筑物

C. 取水建筑物、泄水建筑物和输水建筑物

D. 取水建筑物、泄水建筑物和电站建筑物

40. 满库时对土坝下游坡稳定影响较大的是_____。（B）

A. 孔隙水压力　　B. 渗透水压力

C. 上游水平水压力　　D. 坝体自重

41. 正槽溢洪道的泄槽纵坡应采用_____。（A）

A. 陡坡　　B. 缓坡

C. 平坡　　D. 临界坡

42. 水闸翼墙的高度为 6～10m，用_____挡土墙较合适。（C）

A. 重力式　　B. 扶壁式

C. 悬臂式　　D. 空箱式

43. 反滤层一般是由 2～3 层不同粒径的非黏性土、砂和砂砾石组成的，各层次的粒径按渗流方向逐层_____。（B）

A. 减小　　B. 增加

C. 不变　　D. 加密

44. 关于正槽式溢洪道，下列说法错误的是_____。（A）

A. 泄槽轴线与溢流堰轴线接近平行

B. 是采用最多的溢洪道型式

C. 超泄能力大

D. 过堰水流与泄槽方向一致

45. 当闸墩与闸底板砌筑成整体时称为_____。（B）

A. 平底板　　B. 整体式底板

C. 分离式底板　　D. 反拱底板

46. 无压隧洞的工作闸门一般布置在_____。（A）

A. 进口　　B. 出口

C. 隧洞的任意位置　　D. 中间

47. 闸基渗流段的阻力系数，只与渗流段的_____有关。（C）

A. 渗透系数　　B. 渗径长度

C. 几何形状　　D. 渗透流量

48. 下列分类不属于水工建筑物按其作用划分的是_____。（A）

A. 永久建筑物　　B. 整治建筑物

C. 专门建筑物　　D. 泄水建筑物

49. 土石坝是利用当地土、石材料建造的一种坝型。主要是由散粒体土石料填筑而成的挡水建筑物。坝体的稳定主要是_____的稳定。（C）

A. 坝基　　B. 左右岸

C. 坝顶　　D. 边坡

50. 不能降低土石坝浸润线的排水设施是_____。（B）

A. 褥垫排水　　B. 贴坡排水

C. 棱体排水　　D. 综合式排水

51. 扬压力由上、下游水位差产生的渗透水压力和下游水深产生的_____两部分组成。（B）

A. 静水压力　　B. 浮托力

C. 温度应力　　D. 重力

52. 混凝土坝裂缝按深度不同，可分为表面裂缝、深层裂缝、_____。（A）

A. 贯穿裂缝　　B. 干缩裂缝

C. 沉陷裂缝　　D. 变形裂缝

53. 以下关于混凝土坝渗漏处理原则不正确的是_____。（C）

A. 渗漏处理宜在渗漏早期、无水或低水位情况下进行

B. 渗漏处理宜在渗漏迎水面处截堵，并应遵循“上堵下排、堵排结合”的原则

C. 背水面堵漏应遵循“上堵下排、堵排结合”的原则

D. 对于重要部位的渗漏，应进行专项设计并采用综合方法处理

54. _____渗流观测包括浸润线、渗流量、坝体孔隙水压力、绕坝渗流等。（A）

A. 土石坝　　B. 重力坝

C. 拱坝　　D. 水闸

55. 以下不属于正常的混凝土面板堆石坝渗漏特点的是_____。（C）

A. 渗漏量随着时间延长减少

B. 渗漏量随着时间延长不变

C. 渗漏量随着时间延长不断加大

D. 渗漏量为零

56. 下面关于堆石体变形的叙述错误的是_____。（C）

A. 对于面板堆石坝，堆石体大变形会使垫层逐步减空，过渡料逐渐流失

B. 对于沥青混凝土心墙堆石坝，大变形可能使心墙发生严重水平错位

C. 对于黏土心墙堆石坝，大变形会使黏土中心墙产生垂直和顺流向裂缝

D. 堆石体填筑质量差、碾压不密实、孔隙率偏大，导致坝体持续变形

三、多选题

1. 水利工程的特点有_____。（ABCD）

A. 工程量大、投资多、工期长

B. 工作条件复杂，施工难度大

C. 工程失事后果严重

D. 效益大，对环境影响大

2. 土坝的工作特点包括_____。（ABCD）

A. 土坝不许水流漫顶

B. 土坝边坡必须稳定

C. 要妥善处理好土坝渗流问题

D. 土坝要抗风浪冲击和雨水冲蚀

3. 对闸门和启闭机的检查和观察，除按金属结构的检查和观察内容外，还包括_____。（ABCD）

A. 注意闸门框架及面板有无变形，闸门有无歪扭，门槽是否堵塞，止水是否完整，有无老化及漏水现象，导轮是否锈蚀

B. 启闭机运转是否灵活，有无不正常声响和振动，丝杠是否弯曲、磨损、锈蚀

C. 钢丝绳有无锈蚀断丝，吊点结合是否牢固，受力是否均衡

D. 机械转动部分润滑油是否充足以及机电安全保护设施是否完好等

4. 由于涵闸、泵站等穿堤建筑物的结构性质与相连接的土堤不同，所以在它与土堤结合部位往往容易形成薄弱环节而发生渗水现象。处理这类险情，应采取_____。（BC）

A. 水下抛石　　B. 临河截渗堵漏

C. 背河反滤导渗　　D. 填土帮坡

5. 闸门按工作性质可分为_____。（ABD）

A. 检修闸门　　B. 事故闸门

C. 平面闸门　　D. 工作闸门

6. 水工隧洞按洞内水流状态分为_____。（AD）

A. 有压隧洞　　B. 尾水隧洞

C. 泄洪隧洞　　D. 无压隧洞

7. 下列属于水库特征水位的有_____。（ABCD）

A. 死水位　　B. 正常高水位

C. 校核洪水位　　D. 设计洪水位

8. 下列是按照灌浆的目的分类有_____。（ACD）

A. 帷幕灌浆　　B. 水泥水玻璃灌浆

C. 固结灌浆　　D. 回填灌浆

9. 水工建筑物地基处理的基本方式有_____。（ABCD）

A. 开挖　　B. 置换

C. 排水　　D. 桩基础

10. 下列属于堆石坝坝体材料分区的名称的有_____。（ACD）

A. 主堆石区　　B. 反滤层区

C. 垫层区　　D. 压重区

11. 土石坝中渗透变形有_____。（ABC）

A. 管涌　　B. 流土

C. 接触冲刷　　D. 沉陷

12. 工程中常用的拱坝应力分析方法有_____。（ABD）

A. 纯拱法　　B. 拱梁分载法

C. 材料力学法　　D. 有限元法

13. 重力坝的纵缝按布置型式可分为_____。（ABC）

A. 铅直纵缝　　B. 斜缝

C. 错缝　　D. 水平施工缝

14. 水闸的孔口尺寸取决于_____。（AC）

A. 过闸流量　　B. 大坝高度

C. 相应的上下游水位差　　D. 大坝类型

15. 水利枢纽等级划分的依据是_____。（BCD）

A. 工作特点　　B. 规模

C. 重要性　　D. 效益

16. 关于扬压力，下列说法正确的是_____。（BCD）

A. 只有在坝基面有扬压力作用

B. 扬压力起到消减坝体自重的作用，对重力坝的稳定和应力不利

C. 设防渗帷幕和排水幕，能降低坝基渗透压力

D. 在坝基采用抽排降压措施，可降低坝基扬压力

17. 土石坝中防渗体的作用是_____。（ABCD）

A. 提高坝体强度

B. 降低渗透坡降以防止渗透变形

C. 降低坝体浸润线

D. 减少坝体渗漏量

18. 重力坝的实用剖面形式有_____。（BCD）

A. 曲线坝面　　B. 铅直坝面

C. 斜坡坝面　　D. 折坡坝面

19. 拱坝的泄水方式常见的有_____。（ABCD）

A. 自由跌落式　　B. 鼻坎挑流式

C. 滑雪道式　　D. 坝身泄水孔

20. 水力发电的两个基本要素是_____。（AB）

A. 落差　　B. 流量

C. 水头损失　　D. 水位

21. 应力可以分为_____。（BD）

A. 横向应力　　B. 正应力

C. 纵向应力　　D. 切应力

22. 变形包括_____。（AB）

A. 纵向变形　　　　B. 横向变形

C. 纵向应变　　　　D. 横向应变

23. 下列选项正确的是_____。（AB）

A. 垂直于截面的法向分量称为正应力

B. 相切于截面的切向分量称为切应力

C. 垂直于截面的切向分量称为正应力

D. 相切于截面的法向分量称为切应力

E. 垂直于截面的法向分量称为切应力

24. 水工建筑物的主要安全影响因素从理论上来讲包含_____。（ABCD）

A. 防洪安全标准　　　　B. 抗滑稳定安全系数

C. 抗倾覆稳定安全系数　　　　D. 强度安全系数

25. 按筑坝材料的不同，可将大坝分为土坝、_____、混凝土坝、浆砌石坝等。（BD）

A. 拱坝　　　　B. 堆石坝

C. 重力坝　　　　D. 橡胶坝

26. 坝基帷幕灌浆的主要目的是_____。（ABC）

A. 提高地基整体强度　　　　B. 提高坝体强度

C. 降低坝体渗透压力　　　　D. 降低坝基基础渗透压力

27. 关于水闸的分缝，下列说法正确的是_____。（ABC）

A. 闸室沉降缝一般设置于闸墩中间

B. 混凝土或钢筋混凝土铺盖与底板、翼墙之间要设缝

C. 护坦与底板、翼墙壁连接处要设缝

D. 黏土铺盖、消力池底板本身也要设缝

28. 重力坝分缝分块浇筑的形式有_____。（ABCD）

A. 竖缝分块　　　　B. 错缝分块

C. 斜缝分块　　D. 通仓浇筑

29. 碾压混凝土坝通仓浇筑的特点有_____。（ACD）

A. 施工速度快　　B. 需要接缝处理

C. 机械化程度高　　D. 温控要求高

30. 隧洞进口建筑物的型式有_____。（ABCD）

A. 竖井式　　B. 塔式

C. 岸塔式　　D. 斜坡式

31. 河岸溢洪道的类型主要有_____。（ABCD）

A. 正槽式　　B. 侧槽式

C. 井式　　D. 虹吸式

32. 正槽式溢洪道一般由引水渠、_____、尾水渠等组成。（BCD）

A. 侧槽　　B. 控制段

C. 泄槽　　D. 出口消能段

33. 隧洞衬砌的作用是_____。（ABD）

A. 承受山岩压力和内水压力

B. 加固和保护围岩

C. 增大隧洞表面糙率

D. 防止渗漏

34. 水电站的装机容量通常是在_____条件已经确定后进行选择的。（CD）

A. 校核洪水位　　B. 下游尾水位

C. 正常蓄水位　　D. 死水位

35. 重力坝主要失稳形式包括_____。（BCD）

A. 坝坡滑动失稳　　B. 沿坝基面滑动

C. 深层滑动　　D. 倾倒破坏

36. 引起堆石坝坝体渗漏的原因有_____。（ABD）

A. 土料场选择不当，所选的防渗土料的抗渗性能指标不满足设计要求

B. 反滤设计不合理或未设置反滤设施，或者反滤已经失效

C. 筑坝前未将松动土层清除干净，或者破碎风化层未清到相对不透水层

D. 地震造成心墙防渗体出现裂缝

四、填空题

1. 以发电为主，兼有灌溉、给水、航运等任务的水库，应按设计规定首先满足发电任务，同时兼顾灌溉、给水、航运等。

2. 泥沙随水流沉浮，下沉者大于悬浮者则河床淤积，反之就冲刷。

3. 对于低水头电站，为减小对下游护坦的冲刷，闸门的开启应按照对称、均匀的原则进行操作。

4. 水工建筑物按其作用可分为挡水建筑物、泄水建筑物、输水建筑物、取（进）水建筑物、整治建筑物、专门建筑物六类。

5. 水电工程建设应按单元工程、分项工程、分部工程、单位工程的顺序，分别依据引用文件中的相关标准、设计文件及合同文件要求，对各施工环节开展质量监督工作。

6. 对检查发现的重大水工建筑物缺陷，应及时制定维护检修方案、计划，并组织实施。对施工难度较大的方案进行审查和评估，对施工过程和工艺进行全过程的监督。

7. 水工建筑物运行和检查中发现的缺陷，按《水电站大坝除险加固管理办法》进行分类管理，提出工程缺陷的维护处理要求。

8. 泄洪设施启闭设备应具有双回路独立电源保证，应配备柴油发电机作为应急电源，并定期试验。

9. 面板堆石坝主要由上游铺盖、趾板、面板、垫层区、过渡区、主堆石区、次堆石区、排水区和下游护坡等组成。面板堆石坝的荷载传递比较简单，水荷载通过面板依次传递给垫层区、过渡区和主堆石区，主堆石区是承受水荷载的主要支撑体。

10. 混凝土坝接缝和裂缝的开度主要受温度影响，土石坝接缝和裂缝直接受坝体变形影响。

11. 溢洪设施检查，应着重于泄洪能力和运行情况，应对进水口、闸门及控制设备、过水部分和下游消能设施等各组成部分分项进行检查。

12. 溢洪道泄槽段发生底板抬动，常见的处理方法有岸坡帷幕灌浆、打排水孔、加锚固钢筋。

五、简答题

1. 安全监测主要有哪些项目？

答： 安全监测主要有巡视检查、变形监测、渗流监测、应力应变及温度监测、环境量监测、专项监测（水力学、动力学、地震反应）等项目。

2. 重力坝和拱坝的关键稳定条件是什么？

答： 重力坝的关键稳定条件是依靠自身的重量稳固地坐落在基岩上，从而能够抵抗水库内水的推力和其他荷载。

拱坝的关键稳定条件是依靠两岸拱端的反力作用保持稳定。拱坝有单曲拱坝、双曲拱坝等。

3. 简述重力坝结构的优缺点。

答： 优点：工作安全，运行可靠；对地形、地质条件适应性强；泄洪方便，导流容易；施工方便，维护简单；受力明确，结构简单。

缺点：体形大，材料用料多，材料强度得不到充分发挥；坝基扬压力大，对坝体稳定性不利。

4. 溢流重力坝常用的消能方式有哪几种？各适用于何种条件？

答：常用的消能方式有底流式消能、挑流式消能、面流式消能、消力戽。其适用条件如下。

（1）底流式消能适用于下游尾水低、变幅大、地质条件差的情况。

（2）挑流式消能适用于基岩比较坚固的高坝或中坝。

（3）面流式消能适用于下游尾水位较深、流量变化范围较小、水位变幅不大，或有排冰、浮木要求的情况。

（4）消力戽适用于尾水较深、变幅较小、无航运要求，且下游河床和两岸有一定抗冲能力的情况。

5. 简述土石坝渗流分析的内容。

答：（1）确定坝体内浸润线及其下游逸出点的位置。

（2）确定坝体和坝基各个部位的渗透坡降。

（3）确定通过坝体、坝基以及绕坝的渗流量。

6. 水闸的组成部分有哪些？各部分的作用如何？

答：水闸一般由闸室、上游连接段和下游连接段三部分组成。

闸室：是水闸的主体，起着控制水流和连接两岸的作用，包括闸门、闸墩、底板、工作桥、交通桥等几部分。

上游连接段：作用是引导水流平稳地进入闸室，保护上游河床及岸坡免于冲刷，并有防渗作用，包括上游防冲槽、铺盖、上游翼墙及两岸护坡等。

下游连接段：主要作用是消能、防冲和安全排出经闸基及两岸的渗流，包括护坦、海漫、下游防冲槽、下游翼墙及两岸护坡等。

7. 重力坝承受的荷载与作用主要有哪些?

答：（1）自重。

（2）静水压力。

（3）扬压力。

（4）动水压力。

（5）浪压力。

（6）泥沙压力。

（7）冰压力。

（8）土压力。

（9）地震作用。

（10）温度作用等。

8. 水电站尾水闸门的作用是什么？尾水闸门常用的型式有哪些?

答：尾水闸门一般设置在尾水管的出口，当检修水轮机或机组作调相运行时，封闭尾水管出口。

尾水闸门常用的型式有平板闸门和叠梁闸门等。

9. 混凝土重力坝的挠度是什么？测量挠度有哪些仪器和方法?

答：混凝土重力坝在水压力作用下会发生弯曲，在坝体与坝轴线平行的垂直面内，某一垂线在不同高程的测点相对于垂线底点在垂直坝轴线方向的水平位移即为该点的挠度。

可以通过正垂线方法、倒垂线方法或倾斜测量方法获得。

10. 什么是土石坝？它的类型有哪些？

答：土石坝指主要由土、砂、砾（卵）石、块石及风化岩石等当地天然材料经人工分区填筑碾压而成的挡水建筑物。

土石坝分为均质土坝、分区土质坝、黏土心墙坝、风化料心墙坝、混凝土或沥青混凝土心墙堆石坝、混凝土面板堆石坝等多种。

11. 试述心墙土石坝和混凝土面板堆石坝坝料的组成。

答：心墙土石坝的心墙是防渗体，一般用黏土、风化土料碾压填筑或用混凝土、沥青混凝土浇筑而成。心墙上、下游两侧按粒径大小不同，渗透系数递增的反滤料、砾石（碎石）料、粗堆石料和护坡块石填筑。

混凝土面板堆石坝最上游的钢筋混凝土面板是防渗体，在混凝土面板下是小区料，然后依次（向下游）是垫层料、过渡料、主堆石料、次堆石料和下游护坡块石。

12. 从哪些现象的出现来判断坝体发生新的渗漏？

答：出现下列一种现象或多种现象，可以判断坝体发生新的渗漏：

（1）渗流量突然增大，此时并无降雨等外界原因影响。

（2）坝体渗透水压力与库水位相比较，变化反常。例如库水位稳定或下降，坝体渗透水压力大幅度升高。

（3）渗水水质变浑浊、变色或化学成分急剧变化。

13. 水工建筑物表面缺陷类型有哪些？造成缺陷的原因有哪些？

答：水工建筑物表面缺陷类型有表面不平整、磨损、空蚀、蜂窝麻面、空洞露筋。

成因如下：（1）混凝土配合比选配不当、混凝土配料计量不准，造成砂浆少、石子多。

（2）混凝土搅拌时间不够，拌和不均匀，和易性差，振捣不密实。

（3）运输不当或下料过高、过长，造成石子砂浆离析。

（4）混凝土振捣不实、漏振或振捣时间不够。

（5）模板安装不规范，缝隙过大导致水泥浆流失，造成骨料多浆少。

14. 绕坝渗漏的原因是什么？

答：（1）坝端两岸地质条件差。

（2）因施工取土或水库蓄水后由于风浪的淘刷，破坏了上游岸坡的天然铺盖。

（3）坝头与岸坡接头防渗处理措施不当或施工质量不合要求。

（4）岩溶、生物洞穴以及植物根茎腐烂后形成的孔洞等。

15. 土石坝溃坝的主要原因有哪些？

答：（1）泄洪能力降低：溢洪道上游堵塞而影响溢洪道过流；下游岸坡滑坡影响行洪能力或产生回流淘刷坝脚。

（2）运行调度不当：汛期水位控制不当；部分闸门无法正常开启。

（3）工程质量低劣：溢洪道设计不当；防渗体高程低于坝顶；大坝渗漏引起的渗透破坏；滑坡破坏变形；大坝和相邻建筑物接触渗漏破坏等。

（4）突发事故影响：近坝区大体积滑坡变形引起的大坝漫顶；上游水库溃坝；遭遇超标准洪水；遭遇大地震等。

16. 预防土石坝溃坝的措施有哪些？

答：（1）提升大坝应对能力：提高大坝防洪能力；及时降

低库水位等。

（2）加强监测资料分析，重点关注大坝重点监测成果。

（3）加强现场巡视检查工作。

（4）综合现场检查与监测信息及相应标准规范，及时进行大坝安全运行状态综合评价。

（5）及时消缺，对大坝存在的重大缺陷与隐患要及时处理。

17. 反滤层和过渡层的作用是什么？

答： 反滤层的作用是滤土排水，防止水工建筑物在渗流逸出处遭受管涌、流土等渗流变形的破坏以及不同土层界面处的接触冲刷。

过渡层主要对其两侧土料的变形起协调作用，避免刚度相差较大的两侧土料之间产生急剧变化的变形和应力。

18. 溢洪道采用底流消能时，其消能段的常见病害有哪些？常用的处理方法是什么？

答：（1）边（导、隔）墙、底板混凝土的裂缝、磨损、空蚀等缺陷。处理方法：涂刷法、粘贴法、凿槽嵌填法和灌浆法。

（2）洪水翻过边墙。常见的处理方法：加高边墙。

（3）底板抬动。常见的处理方法：岸坡帷幕灌浆、打排水孔、加锚固钢筋。

（4）边坡失稳。常见的处理方法：坡顶削坡；打抗滑桩；预应力锚索；增加（大）截水沟，减小坡面水流；混凝土挡墙。

第六章

地 质 灾 害

一、判断题

1. 滑坡处理的基本原则应该是设法增加滑动力，增加抗滑力。（×）

2. 遇山洪发生时，应冷静判断环境，不要沿着洪道方向逃跑，而要向两侧快速躲避，不轻易涉水过河。（√）

3. 遇山洪发生时，不能就近向山坡、高地、避洪台等地转移。（×）

4. 山体滑坡时，要沿滑坡体滑动方向跑，不应向滑坡体两侧跑。（×）

5. 各级企业应建立健全突发事件应急预案体系，按照法律法规、行业标准等有关规定要求，做好应急预案评审、发布等工作。（√）

6. 鼓励和支持各单位在工程建设、生产过程中，开展地质灾害防治科学技术研究，推广先进的地质灾害防治技术。

（√）

7. 对出现地质灾害前兆、可能造成人员伤亡或者重大财产损失的区域和地段，应当采取加强监测预警、制定专项应急预

案或者搬迁避让等措施，确保人身和设备安全。（×）

二、单选题

1. 岩土工程中的失稳破坏，一般都是_____。（C）

A. 突然发生的

B. 捉摸不定的

C. 从渐变到突变发展起来的

D. 缓慢发生的

2. 各级企业至少每_____年对其制定的应急预案进行一次全面修订，预案修订情况应有记录并归档。必要时，可及时修订应急预案。（C）

A. 一　　B. 二

C. 三　　D. 四

3. 各级企业应每年进行_____次应急预案适用性评估，按照评估意见修订、完善有关应急预案。（A）

A. 一　　B. 二

C. 三　　D. 四

4. 各企业应每_____定期组织专业人员开展生产、生活设施和建设工程及周边地质灾害风险辨识，全面排查崩塌、滑坡、泥石流、塌陷等地质灾害隐患，同时做好防滑桩、护坡、挡渣墙、截排水系统等防护设施的安全隐患排查，确保其正常发挥作用。（B）

A. 周　　B. 月

C. 季度　　D. 年

5. 对地质灾害易发区域内的工程，原则上应当每_____年聘请地质灾害防治专家开展一次全面的隐患排查。（C）

A. 一　　B. 二

C. 三　　D. 四

三、多选题

1. 地质灾害防治应科学运用_____等多种手段，坚持预防为主、避让与治理相结合的原则。（BCD）

A. 人工巡视　　B. 监测预警

C. 工程治理　　D. 搬迁避让

2. 对辨识出的地质灾害风险进行分类梳理，综合考虑_____等，确定风险等级。（ABCD）

A. 起因物　　B. 引起事故的诱导性原因

C. 致害物　　D. 伤害方式

3. 根据风险评估的结果，针对地质灾害风险特点，从_____等方面对风险进行有效管控。（ABCD）

A. 组织　　B. 制度

C. 技术　　D. 应急

4. 边坡失稳的主要形式有_____。（ABCD）

A. 坍塌　　B. 断裂

C. 倾倒　　D. 滑动

四、填空题

1. 二级单位应急预案在发布实施后报集团公司总部备案，基层企业应急预案在发布实施后应报所在二级单位备案。同时，应按照国家有关部委及其派出机构和地方政府有关部门规定及时报相关部门备案。

2. 基层企业应对本单位容易引发安全生产事故、自然灾害等突发事件的危险源、危险区域进行辨识、登记、风险评估，定期进行检查、维护、保养、检修，实时或定期监测、监控、操作、调整，采取必要的安全防范措施。

3. 研究本单位地质灾害共性和突出问题，制定并落实改进方案，对中型及以上地质灾害风险和隐患实施挂牌督办。

4. 在建设工程可行性研究阶段，聘请具备相应资质的评估机构，依据国家及地方政府发布的地质灾害防治规划开展地质灾害危险性评估，形成地质灾害危险性评估报告。

5. 当发生地震、大洪水、库水位骤升骤降、库水位低于死水位或者其他可能影响大坝安全的异常情况，电力企业应当加强巡视检查，增加监测频次（必要时增加监测项目），及时分析监测数据，评判大坝运行状态。

6. 对水土流失潜在危险较大的区域，应当划定为水土流失重点预防区；对水土流失严重的区域，应当划定为水土流失重点治理区。

7. 县级以上人民政府应当依据水土流失调查结果划定并公告水土流失重点预防区和重点治理区。

8. 禁止在 25° 以上陡坡地开垦种植农作物。在 25° 以上陡坡地种植经济林的，应当科学选择树种，合理确定规模，采取水土保持措施，防止造成水土流失。

五、简答题

1. 根据《关于加强已建在建水电站地质灾害隐患排查治理及防范工作的指导意见》，简述水电站地质灾害隐患排查治理及防范工作的指导思想和总体目标。

答：指导思想：坚持以人为本、预防为主、防治结合，加强组织领导，落实排查治理及防范责任，完善规章制度，强化监督管理，深入开展地质灾害隐患排查治理和应急管理工作，科学运用监测预警、工程治理、搬迁避让等多种手段，提高防灾避险能力，有效规避灾害风险，全力预防和遏制地质灾害引发电力安全生产事故。

总体目标：逐步建立健全集团公司系统地质灾害隐患排查治理、监测预警、应急联动工作机制，按照国家、地方政府、集团公司地质灾害防治工作要求，完成地质灾害易发区域水电站生产生活设施、电力建设工程及周边地质灾害隐患排查治理工作，避免地质灾害造成的电力安全生产重特大事故。

2. 地质灾害按照人员伤亡、经济损失的大小，分几个等级？是如何划分的？

答：特大型：因灾死亡 30 人以上或者直接经济损失 1000 万元以上的。

大型：因灾死亡 10 人以上 30 人以下或者直接经济损失 500 万元以上 1000 万元以下的。

中型：因灾死亡 3 人以上 10 人以下或者直接经济损失 100 万元以上 500 万元以下的。

小型：因灾死亡 3 人以下或者直接经济损失 100 万元以下的。

3. 简述地质灾害管理中基层企业职责。

答：（1）是本单位地质灾害防治工作责任主体，负责本企业生产、生活区域及周边有影响的地质灾害防治工作。

（2）贯彻落实国家有关法律法规、标准规范和上级有关地质灾害防治工作要求。建立健全本企业地质灾害防治体系，明确岗位职责，制定地质灾害防治工作制度，编制防范地质灾害专项应急预案。

（3）保障地质灾害风险辨识、评估以及地质灾害隐患治理所必需的资金投入，配备必要的抢险物资。

（4）建立健全地质灾害预测预警和应急响应工作机制，实施地质灾害突发事件应急抢险和事故救援。

（5）组织开展地质灾害风险辨识、隐患排查治理及防范等工作，建立健全地质灾害防治工作档案，结合实际，制定和落实地质灾害防范措施。

（6）法律法规及上级部门规定的其他职责等。

4. 设计单位和参建方生产生活办公营地的选择原则是什么？

答：（1）选择地形平坦开阔，水、电、路易通入的区域。

（2）选择在历史上未发生过滑坡、崩塌、泥石流、地面塌陷、地面沉降及地裂缝等地质灾害的地区。

（3）远离冲沟沟口、弃渣场、贮灰场、废石场以及尾矿库（矿区）。

（4）避开不稳定斜坡和高陡边坡。

（5）不宜紧邻河（海、库）岸边、地下采空区诱发的地表移动范围。

5. 突发性地质灾害应急预案包括哪些内容？

答：（1）应急机构和有关部门的职责分工。

（2）抢险救援人员的组织和应急、救助装备、资金、物资的准备。

（3）地质灾害的等级与影响分析准备。

（4）地质灾害调查、报告和处理程序。

（5）发生地质灾害时的预警信号、应急通信保障。

（6）人员财产撤离、转移路线、医疗救治、疾病控制等应急行动方案。